基于 GNSS 技术的城市灾害监测研究

刘严萍　王　勇　著

中国建筑工业出版社

图书在版编目（CIP）数据

基于GNSS技术的城市灾害监测研究/刘严萍，王勇著.—北京：中国建筑工业出版社，2016.3
ISBN 978-7-112-19197-0

Ⅰ.①基… Ⅱ.①刘… ②王… Ⅲ.①卫星导航-全球定位系统-应用-城市-灾害-监测-研究 Ⅳ.①X4

中国版本图书馆CIP数据核字（2016）第040011号

如何利用GNSS技术应用于城市灾害（雾霾、暴雨、地面沉降等）监测，是大地测量与气象学、环境科学等领域的研究热点和难点。本书主要介绍地基GNSS技术应用于城市灾害监测研究，首先，通过雾霾天气过程前后GNSS测量结果的变化引入GNSS水汽与PM2.5浓度的相关性研究，论证了水汽与PM2.5浓度存在显著正相关特性，基于此特点，为大气环境治理提供一定基础。其次，以北京为例，利用GNSS水汽开展了城市水汽通道研究，对于汛期强降水过程的预警具有很好的指示意义；针对GNSS数据处理及传输时间导致GNSS水汽产品进行暴雨预报延迟的问题，本书利用经验模态分解与神经网络相结合的方法开展了GNSS水汽的短时预测研究。然后，针对GNSS水汽用于短时气候研究较少的问题，作者利用中国地壳运动监测网络观测数据开展了不同气候类型的GNSS水汽变化研究。再次，分析了北京市GNSS站点2007~2012年的沉降变化，并利用经验模态分解方法开展了沉降变化趋势研究。最后，为提高InSAR在城市地面沉降的应用，为使GNSS水汽产品满足InSAR大气校正的空间分辨率要求，本书提出了基于地形和气象要素的大气延迟估算模型，并对模型精度及可靠性进行了相关研究。

本书可以作为测绘、气象、环境专业的研究生和本科生教学参考书，并可供大地测量、气象部门等相关科技人员参考。

责任编辑：杨　杰
责任设计：董建平
责任校对：陈晶晶　赵　颖

基于GNSS技术的城市灾害监测研究
刘严萍　王　勇　著

*

中国建筑工业出版社出版、发行（北京西郊百万庄）
各地新华书店、建筑书店经销
霸州市顺浩图文科技发展有限公司制版
廊坊市海涛印刷有限公司印刷

*

开本：787×1092毫米　1/16　印张：7¼　字数：210千字
2016年4月第一版　2016年4月第一次印刷
定价：**28.00**元

ISBN 978-7-112-19197-0
（28432）

前　言

　　城市是人类与各类经济活动集中的地方，且各种活动间相互联系，导致城市对于灾害作用具有放大性，同样的灾害发生在城市，容易引发各种要素的连锁效应，所造成的结果更为严重。在一个可持续的灾害风险管理中，城市灾害监测研究是其中重要环节之一。城市灾害类型众多，本书选择霾、暴雨和地面沉降三种灾害，利用 GNSS 技术开展城市灾害监测研究。

　　全球空气动力学当量直径小于等于 $2.5\mu m$ 的污染物颗粒（Particulate Matter 2.5，PM2.5）浓度数据表明，我国环渤海、长三角、珠三角、成渝地区是全球大气细颗粒物浓度最高的地区，这些地区的城市多次出现持续大范围霾污染，引发城市公众对空气质量尤其是 PM2.5 的关注。2013 年 1 月 28 日，中国气象局首次将 PM2.5 作为发布预警的重要指标之一，首次单独发布霾预警。2014 年 1 月 4 日，国家减灾办首次将霾纳入自然灾情进行通报。一旦排放超过大气循环能力和承载度，浓度将持续积聚，此时如果受到静稳天气等影响，极易出现大范围持续的霾，对城市的公众健康带来危害，对城市生活带来不便。霾浓度（大气污染颗粒物浓度，90％为 PM2.5）的精确、实时和长期监测对于保障公众健康具有重要现实意义。目前，中国环境监测主要采用基于地面布点采样的分析测量方法和遥感方法进行。2013 年 1 月 13 日 13 时，北京市 35 个空气质量监测站中，有 16 个站点的空气质量指数达到了标准上限 500，引起"爆表"，有的瞬间值超过 1000，监测设备在实际应用中出现了不适应性现象；使用遥感中分辨率成像光谱仪监测并反演所得的气溶胶光学厚度误差较大，在这种情况下，对新方法的研究需求较为迫切。

　　近年来，全球极端天气气候事件增加，在这一大的背景下，我国很多城市暴雨频繁发生，由此引发的内涝，造成严重的经济损失和社会影响，成为各界普遍关注的城市问题。强降雨的时间、空间、雨量、雨强、雨型等信息越准确，越有利于各部门开展应急处置和采取防治内涝措施。暴雨预警成效的提高，受现有数值预报初始场模式不足的制约。水汽是影响降水过程发生、引发暴雨灾害的关键要素之一。地基 GNSS 技术（Global Navigation Satellite System，GNSS）精确反演出高时间分辨率的水汽序列，并深化在短期天气预报和短期气候变化方面的研究分析，具有重要应用价值。

　　地面沉降具有形成时间长、影响范围广、防治难度大、不易恢复等特点，会引发地基下沉、房屋开裂、地下管线破损、井管抬升、洪涝及风暴潮灾害加剧等现象，正日益成为一些地区社会经济可持续发展的重要制约因素。中国地质调查局公布的《华北平原地面沉降调查与监测综合研究》及《中国地下水资源与环境调查》显示：华北平原不同区域的沉降中心有连成一片的趋势；长江区最近 30 多年累计沉降超过 200mm 的面积近 1 万 km^2，占区域总面积的 1/3。作为我国首都的北京，地面沉降直接威胁其城市建设布局规划及居住安全。准确监测地面沉降变化，对于保障城市安全运行至关重要。

　　经过近二十余年的发展，GNSS 技术应用研究蓬勃发展，其一是气象学研究。大气对

GNSS 信号延迟噪声处理的逆问题，发展至利用 GNSS 信号测定大气水汽含量及温度分析研究，为监测恶劣天气及气候变化提供新的技术支撑。目前 GNSS 气象探测已成为 WMO（世界气象组织）21 世纪全球综合高空观测系统的重要组成部分。以 GNSS 技术在气象学研究及应用为主要内容的新兴交叉学科，称为 GNSS 气象学（GNSS Meteorology）。GNSS 观测资料在大气探测，天气变化监测和数值天气预报模式应用领域中的优越性及其初步成果，使 GPS 气象学在不足十年内迅速发展成为一个极具应用潜力的重要研究领域。

如何利用 GNSS 技术应用于城市灾害（雾霾、暴雨、地面沉降等）监测，是大地测量与气象学、环境科学等领域的研究热点和难点。本书主要介绍地基 GNSS 技术应用于城市灾害监测研究，首先，通过雾霾天气过程前后 GNSS 测量结果的变化引入 GNSS 水汽与 PM2.5 浓度的相关性研究，通过北京、河北省多个站点在不同时期（雾霾高发、APEC 会议大气污染控制）与 PM2.5 浓度的比较，论证了水汽与 PM2.5 浓度存在显著正相关特性，基于此特点，为大气环境治理提供一定基础。其次，以北京为例，开展了城市水汽通道研究，不同区域 GNSS 水汽变化与北京降水过程对应，验证了利用 GNSS 水汽可进行水汽通道探测，对于汛期强降水过程的预警具有很好的指示意义；针对 GNSS 数据处理及传输时间导致 GNSS 水汽产品进行暴雨预报延迟的问题，本书利用经验模态分解与神经网络相结合的方法开展了 GNSS 水汽的短时预测研究，经验证，该方法预测的 GNSS 水汽时效可达 2~3 小时，预测精度优于 1mm。然后，针对 GNSS 水汽用于短时气候研究较少的问题，作者利用中国地壳运动监测网络观测数据开展了不同气候类型的 GNSS 水汽变化研究。再次，分析了北京市 GNSS 站点 2007~2012 年的沉降变化，并利用经验模态分解方法开展了沉降变化趋势研究。最后，为提高 InSAR 在城市地面沉降的应用，为使 GNSS 水汽产品满足 InSAR 大气校正的空间分辨率要求，本书提出了基于地形和气象要素的大气延迟估算模型，并对模型精度及可靠性进行了相关研究。

本书的出版获得了河北省自然科学基金课题（D2015209024）的资助，在此表示感谢！

本书研究内容的完成，得益于中科院测量与地球物理研究所柳林涛研究员提供的指导和建议，石家庄气象台李江波高级工程师，北京市地震局胡乐银等人提供的论文研究数据和专业指导，本书的顺利出版还获得了天津城建大学经济与管理学院、地质与测绘学院以及华北理工大学建筑工程学院相关领导的支持与帮助，在此一并表示感谢。

目　　录

第1章　绪论 ·· 1

1.1　研究背景和研究意义 ·· 1
1.2　国内外研究进展 ·· 2
　1.2.1　国内外霾天气研究进展 ·· 3
　1.2.2　GNSS 水汽研究进展 ·· 4
　1.2.3　GNSS 用于地面沉降方面的研究 ·· 4
1.3　主要研究内容 ··· 5
1.4　主要研究方法 ··· 5

第2章　GNSS 测量数据处理及地基 GNSS 水汽反演 ····································· 6

2.1　GNSS 静态测量数据处理 ·· 6
　2.1.1　GNSS 静态测量概念 ·· 6
　2.1.2　GNSS 静态测量数据处理 ··· 7
2.2　高精度 GNSS 数据处理软件简介 ·· 8
　2.2.1　国内外 GNSS 数据处理软件 ·· 9
　2.2.2　GAMIT 软件 ··· 10
2.3　GNSS 水汽（可降水量）反演原理 ··· 11
　2.3.1　GNSS 测量对流层延迟原理 ·· 12
　2.3.2　对流层延迟模型 ·· 13
　2.3.3　静力学延迟计算 ·· 14
　2.3.4　GNSS 可降水量的计算 ··· 15
2.4　利用 GAMIT 软件解算 GNSS 水汽 ·· 16
　2.4.1　卫星星历的选取 ·· 17
　2.4.2　计算方式的选取 ·· 18
　2.4.3　网外辅助站最佳数量的确定 ··· 19
　2.4.4　截止高度角的选择 ··· 21
2.5　本章小结 ·· 22

第3章　GNSS 水汽用于霾灾害天气监测的可行性研究 ································· 23

3.1　雾霾天气对 GNSS 测量的影响 ·· 23
　3.1.1　实验数据 ·· 23
　3.1.2　雾霾天气对 GNSS 天顶对流层延迟变化的影响 ······························· 24
　3.1.3　雾霾天气对 GNSS 可降水量的影响 ··· 26
　3.1.4　雾霾天气对 GNSS 基线向量的影响 ··· 26

3.2　水汽和风速对 PM2.5/PM10 变化的影响 ……………………………… 29
　3.2.1　实验数据 ……………………………………………………………… 30
　3.2.2　水汽、风速变化对 PM2.5/PM10 浓度变化的影响 ……………………… 30
　3.2.3　风速较小时 GNSS 水汽变化与 PM2.5/PM10 变化的比较 ……………… 32
3.3　GNSS、无线电探空的水汽变化与 PM2.5/PM10 浓度变化 ………………… 32
　3.3.1　实验数据 ……………………………………………………………… 33
　3.3.2　GNSS PWV 变化与 PM2.5/PM10 变化的比较 ………………………… 33
　3.3.3　秋冬春季节无线电探空水汽变化与 PM2.5/PM10 变化的比较 ………… 36
3.4　APEC 会议期间 GNSS 水汽与 PM2.5/PM10 的相关性比较 …………… 40
　3.4.1　实验数据 ……………………………………………………………… 41
　3.4.2　APEC 会议期间的 GNSS 水汽与 PM2.5/PM10 的相关性比较 ………… 41
3.5　基于小波分析的 GNSS PWV 与 PM2.5 浓度的比较研究 …………………… 43
　3.5.1　小波分析理论与研究数据 …………………………………………… 43
　3.5.2　GNSS PWV 与 PM2.5 比较 …………………………………………… 44
　3.5.3　基于小波分析的 GNSS PWV 与 PM2.5 比较 ………………………… 45
3.6　基于河北省 GNSS 水汽与 PM2.5 浓度的比较研究 ……………………… 48
　3.6.1　实验数据与方法 ……………………………………………………… 49
　3.6.2　GNSS 水汽与 PM2.5 浓度比较 ……………………………………… 49
3.7　本章小结 ……………………………………………………………………… 52

第4章　GNSS 用于城市暴雨监测 …………………………………………………… 54
4.1　GNSS 水汽与降水过程的对比 …………………………………………… 54
4.2　基于 GNSS 的水汽通道研判 …………………………………………… 57
4.3　基于经验模态分解与神经网络的 GNSS 水汽预测 …………………… 57
　4.3.1　经验模态分解理论 ………………………………………………… 58
　4.3.2　基于 MATLAB 的经验模态分解过程的实现 ……………………… 59
　4.3.3　经验模态分解的端点效应 ………………………………………… 59
　4.3.4　基于仿真信号的预测分析 ………………………………………… 63
　4.3.5　基于经验模态分解与神经网络的 GNSS 水汽预测 ……………… 64
4.4　本章小结 …………………………………………………………………… 68

第5章　GNSS 用于短期气候变化研究 …………………………………………… 69
5.1　中国地壳运动监测网络的数据解算与可靠性比较 ……………………… 69
　5.1.1　数据解算 …………………………………………………………… 69
　5.1.2　GNSS 天顶对流层延迟解算结果的可靠性验证 ………………… 69
5.2　基于不同气候类型的 GNSS 水汽比较 …………………………………… 71
　5.2.1　热带季风气候 ……………………………………………………… 71
　5.2.2　亚热带季风气候 …………………………………………………… 72
　5.2.3　温带季风气候 ……………………………………………………… 73
　5.2.4　温带大陆性气候 …………………………………………………… 74
　5.2.5　青藏高原高寒气候 ………………………………………………… 74

　5.3　基于经验模态分解的 GNSS 可降水量变化 ···································· 76

　　5.3.1　基于验模态分解的 GPS 可降水量趋势项提取 ························ 76

　　5.3.2　热带季风气候的 GNSS 水汽变化 ·································· 76

　　5.3.3　亚热带季风气候的 GNSS 水汽变化 ································ 76

　　5.3.4　温带季风气候的 GNSS 水汽变化 ·································· 78

　　5.3.5　温带大陆性气候的 GNSS 水汽变化 ································ 78

　　5.3.6　青藏高原高寒气候的 GNSS 水汽变化 ····························· 78

　5.4　本章小结 ··· 80

第 6 章　GNSS 技术用于城市地面沉降监测 ·· 81

　6.1　基于连续 GNSS 观测的三维变形监测 ··· 81

　6.2　基于 GNSS 的城市地面沉降 ··· 84

　6.3　基于 GNSS 的 InSAR 大气校正 ·· 87

　　6.3.1　融合地形与气象要素的大气延迟估算模型 ························· 87

　　6.3.2　大气延迟模型用于 InSAR 大气校正 ······························ 91

　6.4　基于经验模态分解方法的 GNSS 沉降结果分析 ······························· 94

　　6.4.1　北京地面沉降情况与 GNSS 数据处理 ···························· 94

　　6.4.2　2007～2012 年期间北京市地面沉降变化 ·························· 95

　　6.4.3　基于经验模态分解方法的沉降变化趋势分析 ······················ 98

　6.5　本章小结 ·· 100

第 7 章　总结与展望 ·· 101

　7.1　总结 ··· 101

　7.2　研究展望 ·· 102

参考文献 ··· 103

第1章 绪 论

1.1 研究背景和研究意义

城市是人类与各类经济活动集中的地方，且各种活动间相互联系，导致城市对于灾害作用具有放大性，同样的灾害发生在城市，容易引发各种要素的连锁效应，所造成的结果更为严重。在今后的 20 年，我国将有 60% 的人口向城市集中，城市人口、经济、基础设施等密度不断增加，城市承灾体的脆弱性趋于增大。这样的现实将城市灾害风险预警研究的紧迫性提高到前所未有的位置。在一个可持续的灾害风险管理中，城市灾害监测研究是其中重要环节之一。

全球空气动力学当量直径小于等于 $2.5\mu m$ 的污染物颗粒（Particulate Matter 2.5，PM2.5）浓度数据表明，我国环渤海、长三角、珠三角、成渝地区是全球大气细颗粒物浓度最高的地区，这些地区的城市多次出现持续大范围霾污染，引发城市公众对空气质量尤其是 PM2.5 的关注。2013 年 1 月 28 日，中国气象局首次将 PM2.5 作为发布预警的重要指标之一，首次单独发布霾预警。2014 年 1 月 4 日，国家减灾办首次将霾纳入自然灾情进行通报。霾是特定气候条件与人类活动相互作用的结果，常见于城市，主要发生在春、秋和冬季，高密度人口的经济及社会活动必然会排放大量细颗粒物，因此霾的组成成分非常复杂，有数百种大气化学颗粒物，二氧化硫、氮氧化物和可吸入颗粒物是霾的主要组成，霾颗粒本身既是一种污染物，又是重金属、多环芳烃等有毒物质的载体。一旦排放超过大气循环能力和承载度，浓度将持续积聚，此时如果受到静稳天气等影响，极易出现大范围持续的霾，对城市的公众健康带来危害，对城市生活带来不便。2015 年 2 月 4 日，国际环保组织绿色和平与北京大学公共卫生学院联合发布研究报告《危险的呼吸 2：大气 PM2.5 对中国城市公众健康效应研究》。本次研究结果发现，2013 年全国 31 座省会城市和直辖市因 PM2.5 污染造成的死亡率接近千分之一，即每十万人中就有约 90 人因 PM2.5 而导致了超额死亡，死亡率达 0.9‰。霾浓度（大气污染颗粒物浓度，90% 为 PM2.5）的精确、实时和长期监测对于保障公众健康具有重要现实意义。目前，中国环境监测主要采用基于地面布点采样的分析测量方法和遥感方法进行。2013 年 1 月 13 日 13 时，北京市 35 个空气质量监测站中，有 16 个站点的空气质量指数达到了标准上限 500，引起"爆表"，有的瞬间值超过 1000，监测设备在实际应用中出现了不适应性现象；使用遥感中分辨率成像光谱仪（Moderate-resolution Imaging Spectroradiometer，MODIS）监测并反演所得的气溶胶光学厚度（Aerosol Optical Thickness，AOT）误差较大，在这种情况下，对新方法的研究需求较为迫切。

近年来，全球极端天气气候事件增加，在这一大的背景下，我国很多城市暴雨频繁发生，由此引发的内涝，造成严重的经济损失和社会影响，成为各界普遍关注的城市问题。

强降雨的时间、空间、雨量、雨强、雨型等信息越准确，越有利于各部门开展应急处置和采取防治内涝措施。暴雨预警成效的提高，受现有数值预报初始场模式不足的制约。水汽是影响降水过程发生、引发暴雨灾害的关键要素之一，目前气象领域水汽探测主要应用手段有无线电探空仪、卫星遥感探测、微波辐射计。无线电探空观测在空间分辨率和时间分辨率方面，与实际需要存在差距；气象卫星探测获得的水汽精度不高，且云量较多时观测受影响；微波辐射计是最为精确的观测手段，时间分辨率也高，但是其在降水量较大时工作受影响，且价格昂贵，制约该技术的应用。基于地基 GNSS 技术（Global Navigation Satellite System，GNSS）精确反演出高时间分辨率的水汽序列，并深化在短期天气预报和短期气候变化方面的研究分析，具有重要应用价值。

地面沉降具有形成时间长、影响范围广、防治难度大、不易恢复等特点，会引发地基下沉、房屋开裂、地下管线破损、井管抬升、洪涝及风暴潮灾害加剧等现象，正日益成为一些地区经济社会可持续发展的重要制约因素。中国地质调查局公布的《华北平原地面沉降调查与监测综合研究》及《中国地下水资源与环境调查》显示：华北平原不同区域的沉降中心有连成一片的趋势；长江区最近 30 多年累计沉降超过 200mm 的面积近 1 万 km^2，占区域总面积的 1/3。作为我国首都的北京，地面沉降直接威胁其城市建设布局规划及居住安全。准确监测地面沉降变化，对于保障城市安全运行至关重要。作为获取米级精度、数十米空间分辨率地面高程信息的手段，差分技术（Differential Interferometry Synthetic Aperture Radar，D-InSAR）可用于探测大范围区域（100km×100km）毫米级的微小地表形变。不同 SAR 数据时间的大气延迟的差异，削弱了 InSAR 监测精度，严重制约 InSAR 技术在城市地面沉降领域的应用。目前的 InSAR 大气校正方法比较常用的有：PS-InSAR；卫星遥感水汽（MODIS、MERIS、GPS）。PS-InSAR 技术利用干涉点的长时间相干性可以较好的处理大气延迟差异问题，但其要求 SAR 影像 30 景以上，费用相对较高。MODIS 与 SAR 数据时间存在差异，且精度不高，需要利用 GPS 水汽进行校正。MERIS 与 ASAR 数据时间同步，但在多云区域和多云时段 MERIS 数据不可用，限制了其应用。GNSS 可反演高精度、高时间分辨率的水汽序列，但其空间分辨率较低，应用到 InSAR 大气校正，需要进行插值，以便获取与 SAR 影像数据同分辨率的大气延迟结果。寻求一种新的大气延迟插值模型是目前 InSAR 大气校正研究的热点和难点问题。

1.2　国内外研究进展

GNSS 是全球卫星导航定位系统，由空间部分、地面监控部分和用户部分组成。与卫星激光测距（SLR），甚长基线干涉测量（VLBI）以及多普勒定轨和无线电定位系统（DORIS）等其他空间技术相比，GNSS 技术具有观测方便、成本低、相对测量精度高等优点，目前空间大地测量观测技术以 GNSS 为主。

由于 GNSS 技术的全球覆盖、高精度、全天候工作、观测简单方便等优点，GNSS 技术在各个领域获得了长足的进展[1]。特别是在环境与气象领域、地表形变监测领域的应用不断深化和发展，对于提高公共安全，保障人民生活，经济发展，起到了重要的作用。

1.2.1 国内外霾天气研究进展

中国气象局行业标准《霾的观测和预报等级》（QX/T 113—2010，中国气象局，2010）中，定义霾（haze）为大量极细微的干尘粒等均匀地浮游在空中，使水平能见度小于 10.0 km 的空气普遍浑浊的现象。PM2.5 是形成霾污染的重要微颗粒物。

目前国内外霾天气研究主要集中在以下 3 个方面：利用 PM2.5、PM10（particulate matter 10，直径小于等于 $10\mu m$ 的颗粒物）和气态污染物观测数据分析城市主要污染物浓度变化及霾形成机理研究；基于卫星遥感监测的城市大气污染研究；基于历史气象资料结合能见度数据开展霾天气过程及年际变化分析。

国内外学者开展了我国华北地区、环保重点城市和超大城市的主要污染物浓度变化分析研究，进行了霾天气形成机理研究[2-5]。

卫星遥感监测可快速进行污染源的定点定位，核定污染范围，分析污染物在大气中的分布、扩散情况。Kumar N、Gupta P 等研究了 MODIS AOT（Aerosol Optical Thickness，气溶胶光学厚度）产品与近地层 PM2.5、PM10 浓度的相关性，建立回归方程反演近地层气溶胶浓度[6,7]。陶金花提出了一种基于卫星遥感 AOT 估算近地面颗粒物浓度的方法，该方法获得的估算结果与地面监测数据具有更好的相关性[8]；徐祥德综合卫星气溶胶光学厚度、城市区域自动气象站资料、NCEP/NCAR 再分析资料，研究了城市群落大气污染源影响的空间结构及尺度特征[9]。

利用气象观测资料与能见度观测数据，部分学者开展了霾天气过程及年际变化分析。根据京津冀地区雾-霾日的月际变化气候统计，每年的 10 月～次年 3 月是雾-霾集中发生的季节，廖晓农针对夏季与冬季雾霾气象条件的不同，开展了北京地区冬夏季节持续性雾-霾发生的环境气象条件对比分析[10]；王喜全利用多年气象数据分析了京津冀地区霾天气的年代变化[11]。

利用现有 PM2.5 观测数据研究区域大气污染时空演变特征受观测年限较短的限制；通过气象观测数据可分析霾天气的年际变化，但其变化分析局限于定性分析，难以定量分析 PM2.5 浓度的变化。卫星遥感，由于地表反射率的估计、像元上空云的识别、气溶胶模型的判断等方面存在误差，使得 MODIS AOT 产品存在误差[12]；卫星传感器的幅宽一般都在数百至数千公里，如 MODIS 的幅宽为 2330km，这种尺度下的大气状况差异巨大，下垫面类型复杂，气溶胶分布随时间、地域变化很大，湿度订正也同样存在空间局限性问题[8]。卫星遥感监测反演的 PM2.5 浓度精度不高。

在污染源基本不变的情况下，气象条件的急剧变化是霾形成的关键因素。邓长菊通过北京 2011 年 10 月至 2012 年 2 月霾天气个例进行了能见度变化和水汽资料的比较，比较发现：霾生消前后水汽变化明显，不同时刻水汽廓线图对霾天气的预报具有指示意义[13]。王勇利用 2013 年北京天坛站地面 PM2.5 观测数据与 BJNM 站 GPS 水汽进行比较，水汽变化与 PM2.5 变化呈正相关特性，相关系数达到 0.776[14]；并针对 2014 年 APEC 会议期间北京空气质量较好时段开展了两者相关性比较，水汽变化与 PM2.5 变化同样呈正相关特性，相关系数达到 0.898[15]。

1.2.2　GNSS 水汽研究进展

GNSS 气象学是 Bevis 于 1992 年提出，此后众多学者开展了 GNSS 水汽（GNSS 气象学）研究。研究主要集中在以下几个方面：

（1）GNSS 气象学前期预研和科学试验。20 世纪 90 年代中后期开始国内外学者和相关单位开展了 GNSS 气象学的可行性、准确性的理论和试验研究，利用 GNSS 反演的水汽含量与微波辐射计、无线电探空水汽进行比较，验证了 GNSS 水汽资料的准确性[16-21]；我国的毛节泰、王小亚、李成才和丁金才等较早开展 GNSS 水汽反演理论和应用前景研究[22-24]。1993 年美国的 GNSS/STORM 试验最早开展的 GNSS 气象学试验，1998 年 5～6 月“海峡两岸及近邻地区暴雨试验”期间进行了地基 GNSS/MET 试验，对 GNSS 水汽与无线电探空水汽进行了比较[19]。大气加权平均温度模型是 GNSS 水汽获得的一个关键要素，国内学者对我国东部地区[25]、武汉[26]、成都[27]等地区建立了大气加权平均温的本地化模型。

（2）GNSS 水汽在暴雨过程的分析及其在数值天气预报模式的同化研究。以上海、北京等地 GPS 和气象观测资料，国内开展了 GNSS 水汽在暴雨过程前后的变化分析，论证了 GNSS 水汽在天气分析和预报的应用价值[28-30]。GNSS 水汽资料同步到数值天气预报模式，可有效改进暴雨过程的落区和暴雨强度预报[31-34]。

（3）GNSS 水汽三维层析研究。GNSS 水汽三维层析结果对于分析中小尺度水汽场的分布及其演变具有很好的应用价值。Flores 在 2000 年对地基 GNSS 层析水汽技术进行了实验研究[35]。针对 GNSS 水汽三维层析技术存在的一些问题，如观测方程不适定问题等，国内外学者开展了 GNSS 水汽三维层析研究，并利用微波辐射计、无线电探空资料检验了结果的可靠性[36-43]。

（4）其他研究，主要有 GNSS 水汽研究气候变化[44]、GNSS 水汽用于 MODIS 水汽修正[45]、GNSS 水汽用于 InSAR 大气改正[46,47]、雾霾天气对 GNSS 对流层延迟和可降水量的影响[48]。

尽管各国学者在 GNSS 气象学领域已经进行了大量深入的研究工作并取得了很多的研究成果，但由于 GNSS 气象学是一门正在发展的前沿学科，在技术和方法上仍存在不断改进的空间。

1.2.3　GNSS 用于地面沉降方面的研究

不论在尺度方面，还是在精度方面，高精度 GNSS 定位均为大陆地壳形变提供了一种崭新的观测手段。利用 GNSS 进行区域地壳形变监测在 GNSS 试用早期就已经开始，现在许多国家建立了 GNSS 多用途形变监测网。早在 1986 年美国就开始在加利佛尼亚中南部布设 GNSS 形变监测网。Dong 等人用 GAMIT/GLOBK 软件计算和分析了历时近十年的 GNSS 观测数据，形变监测精度优于 2～3mm/y[49]。王琪等将中国大陆及周边地区 IGS 永久性连续跟踪站与不同时期的流动站观测联合处理，先后获得中国大陆及周边地区 229 个、354 个、362 个测站的位移速度[50,51]。

　　由于 GNSS 技术的快速发展，GNSS 处理精度大大提高，众多 GNSS 连续观测网络的建设运行。国内众多学者以北京、西安、天津、上海等城市为试验区，开展了 GNSS 连续观测结果用于城市地面沉降的可行性研究，并将 GNSS 技术用于城市地面沉降和地裂缝监测[52-56]。

1.3　主要研究内容

　　本文主要从以下三个方面展开研究：

　　GNSS 用于城市霾监测：选择北京、河北省 CORS 站点和大气环境监测站点，选择不同时期（不同季节及大气污染控制 APEC 会议期间）进行 GNSS PWV 与 PM2.5 浓度比对试验，探索两者相关程度，验证 GNSS 用于监测霾灾害的可行性，为城市霾预警提供研究基础。

　　GNSS 用于城市暴雨监测：首先从空间上展开试验研究，选择暴雨过程中多个 GNSS 站点作为试验对象，探索 GNSS PWV 序列的空间变化与水汽通道空间分布之间的关系，验证利用连续监测网的 GNSS PWV 序列变化，结合水汽通道信息提前暴雨预警时间的可行性。其次，从时间上展开试验研究，基于 EMD-RBF 方法对 GNSS PWV 拓展到 2～3h，分别进行试验，将预测值与实际值比较，进行精度验证，以探索 GNSS PWV 用以提前暴雨预警时间的可行性。

　　GNSS 用于城市地面沉降监测：基于同一地点不同时期 GNSS 监测和 InSAR 监测所得到的大气延迟的差是相同的这一基本原则，本文侧重研究多要素大气延迟校正模型的构建，具体而言，利用神经网络对 GNSS 对流层延迟、地形与气象要素进行建模，并借助地学插值，对 InSAR 监测所存在的大气延迟进行改进，以提高监测结果精度。

1.4　主要研究方法

　　本文研究，选择多学科交叉手段，概括而言如下：

　　（1）文献调研法

　　广泛搜集地面沉降、霾、暴雨等领域的有关文献，在此基础上，分析该领域研究进展和不足，为选择主要研究内容和确定研究方法提供基础。

　　（2）神经网络法

　　借助神经网络进行多要素模型的构建，并借助地学插值方法，共同完成对 InSAR 地面沉降监测精度的校正，以提高预警准确度。

　　借助经验模态分解法和神经网络对 GNSS 水汽进行预测。

　　（3）统计分析法

　　借助相关分析法，分析 PM2.5 浓度数据和 GNSS 水汽的相关性，通过相关度论证了 GNSS 对霾监测的可行性。

第 2 章　GNSS 测量数据处理及地基 GNSS 水汽反演

在大地测量应用方面，通过建立全球或国家高精度 GNSS 网，建立和维持高精度的三维地心参考基准；在地球动力学方面，GNSS 技术主要用于监测板块运动，并取得良好结果；在地震预报和监测方面，全球很多国家都建立了主要地震区 GNSS 网，用于监测和研究地震前后的地壳运动与形变特征；在气象预报研究方面，利用地基和空基 GNSS 观测技术，遥感地球大气，测定大气温度及水汽含量，监测气候变化。另外，GNSS 技术在大坝形变测量、滑坡、地面沉降监测、精细农业和精细林业等方面也获得了广泛的应用。

GNSS 卫星发射的无线电波信号在穿过大气层时，受电离层、平流层和对流层大气折射，产生时延和弯曲两种效应，造成信号传播延迟。其中电离层的影响部分称为电离层延迟；经过对流层和平流层时产生的延迟，折射的 80% 发生在对流层，通常叫做对流层延迟（中性大气层延迟）。

对流层湿大气对信号的传播延迟成为气象研究的有用信息，该延迟与气象参数紧密关联，由湿延迟可推算出气候研究和天气预报所需的可降水量。在利用高精度定位定轨软件处理 GNSS 观测数据求解高精度的基线、站地心坐标和站运动速率时，为改进 GNSS 定位精度，需要消除对流层湿延迟的影响，为此，建立精确的对流层延迟随机参数模型，通过此模型获得对流层延迟参数值。作为解算结果的间接产品，该估计参数为地基 GNSS 反演大气可降水量提供了可能。利用地基 GNSS 测量的对流层延迟转化为气象领域的可降水量，该过程称为地基 GNSS 气象学，GNSS 技术丰富了可降水量信息的获取来源。地基 GNSS 气象遥感技术的出现为探测大气的可降水量提供新方法，对现有的探测方法提供了有力的补充，GNSS 可降水量资料对天气预报、空间天气和全球天气变化的研究具有重要的意义。

2.1　GNSS 静态测量数据处理

2.1.1　GNSS 静态测量概念

在 GNSS 测量中，最常用的静态测量模式是相对定位。GNSS 静态测量是指在进行 GNSS 测量时，接收机天线位置在整个观测过程中相对于地球保持不变；在测量数据处理时，将接收机天线位置作为一个不随时间变化的量。而相对定位指的是多台接收机对相同的卫星进行同步观测，通过对观测数据处理获得测站间的相对位置（坐标差/基线向量）。

GNSS 静态测量观测模式为多台接收机在不同测站上进行静态同步观测，观测时间从几分钟到常年连续不间断等。GNSS接收机接收并存储卫星导航电文、伪距和载波相位观测量等。观测结束后，将观测值下载到计算机进行处理。通过GNSS测量数据的基线解算、网平差等处理，最终可获得高精度站点坐标。

GNSS静态测量一般用于高精度测量定位，如各等级大地网、工程控制网、变形监测网等。

2.1.2　GNSS静态测量数据处理

GNSS静态测量数据处理基本步骤包括数据预处理、基线解算和网平差。

（1）数据预处理

数据预处理主要包括原始观测数据下载、观测数据的检查与修改、观测文件标准化等。

原始观测数据下载：在进行基线解算之前，需要从接收机或者IGS网站下载GNSS观测值数据，如观测值文件、星历参数文件、测站信息、电离层参数和UTC参数文件等。

观测数据的检查与修改：检查项目包括测站名、测站坐标和天线高等，如果有误，则需进行相应的修改。

观测文件标准化：各接收文件的记录格式、类型、项目、采样率等应统一。

（2）基线解算

1）基线解算过程

基线向量的计算主要有双差分和三差分载波相位观测方程。两种差分载波相位观测方程的比较见表2-1。

双差分和三差分载波相位观测方程对比[57]　　　　　　　表2-1

参数、观测量和最小二乘平差方法	双差分载波相位观测方程	三差分载波相位观测方程
未知参数	同步环中每两台接收机所在未知点近似坐标的改正数（dX,dY,dZ）和整周未知数（$\nabla\Delta N_j^i\cdots$），非随机	同步环中每两台接收机所在点的坐标差分量，非随机
观测量	同步环中每两台接收机同步观测量所形成双差分载波相位观测值，正态分布的随机观测量	同步环中每两台接收机同步观测量所形成的三差分载波相位观测值，正态分布的随机观测量
最小二乘平差方法	将双差分观测方程以观测点三差分定位坐标为近似坐标，按泰勒级数展开：$X_1=$（dX,dY,dZ）为基线向量，$X_2=$（$\nabla\Delta N_j^i\cdots$）为模糊度。用消元法先消去X_1，求出X_2的模糊度。将整周未知数X_2带入法方程求出X_1，$X_1=$（dX,dY,dZ），此解称为固定解，精度$0.5cm\sim1cm+1ppm$	将观测方程以观测点伪距定位坐标为近似坐标，按泰勒级数展开：$V=A\times X'-f, V^TPV=min$ 列出法方程：$N\times X'=Apf, X'=N^{-1}Apf$ $X'=$（dX,dY,dZ）为未知点近似坐标改正数，精度1m左右

2）设定基线解算控制参数（表2-2）

基线解算控制参数用于确定数据处理软件采用何种处理方法进行基线解算，设定基线解算控制参数是基线解算的一个重要环节，通过控制参数的设定，可以实现基线的精化处理。

基线解算控制参数的设定[57]　　　　　　　　　　表 2-2

控制参数	参数设定
卫星高度角	一般取 $10°$ 或 $15°$
处理数据类型	处理 $L1$ 单频数据：15km 之内的短边或单频接收机采用； 处理 $L1-L2$：宽相数据，双频接收机采用； 处理 $L1+L2$：窄相数据，双频接收机采用； 处理 $L1/L2$ 消去电离层影响的载波相位：双频接收机采用
观测值粗差排除限制参数	$V<3×$（Root Mean Square）均方根误差
收敛标准	三差分为 0.01m，双差分为 0.0001m
模糊度固定原则	$\delta_{次最小}/\delta_{最小}≥3$，不能小于 1.5
参考精度	计算误差/估计误差小于 10，不能大于 20
RMS	单频接收机 $RMS<0.03m$，不能大于 0.04m；双频接收机 $RMS<0.02m$，不能大于 0.03m

（3）基线向量网平差

以 GPS 基线向量为观测值，以其方差阵的逆为权阵进行计算，求出各 GPS 网点的坐标并进行精度评定。GPS 基线向量网平差可以分为无约束平差、约束平差、联合平差、三维平差和二维平差等类型。

1）无约束平差：只约束一个点坐标；

2）约束平差：约束条件多于一个点的坐标，如还有其他已知点坐标或边长、方位角等；

3）联合平差：观测值有 GPS 基线向量观测值、地面常规测量观测值（边长、方位角、高差），一起参与平差计算；

4）三维平差：求出三维空间直角坐标或大地坐标；

5）二维平差：求出点位二维平面坐标。

表 2-3 介绍了三维无约束平差与约束平差（三维约束平差、二维约束平差）的网平差过程的比较。

三维无约束平差与约束平差的网平差过程[57]　　　　　　表 2-3

网平差要素	三维无约束平差	约束平差
坐标系统	WGS-84	地方椭球坐标系或平面坐标系
目的	检查网本身的内符合精度、基线之间有无明显系统差和粗差，提供大地高数据	提供三维大地坐标或平面坐标及海拔高
平差过程	观测量：GPS 基线向量 $\Delta X_{ij}=(\Delta x_{ij},\Delta y_{ij},\Delta z_{ij}),P_{ij}=D_{ij}^{-1}$， 已知一个点坐标 $X_1=(x_1,y_1,z_1)$，未知数为其余点近似坐标的改正数。 $X_i=X_{i0}+dx_i,Y_i=Y_{i0}+dy_i,Z_i=Z_{i0}+dz_i$，按最小二乘平差计算出各点三维坐标。	（1）建立或选择参考椭球，输入其与 WGS-84 椭球的转换参数（7 参数或 3 参数）； （2）选择或建立投影方式和投影度带； （3）选择大地水准面模型或输入高程异常拟合方程的参数。
精度评定	单位权中误差（参考因子）：应取值在 1 左右。基线向量改正数与标准误差比值的绝对值满足： $V_{\Delta x}≤3$ 倍的 M_X 中误差，$V_{\Delta y}≤3$ 倍的 M_Y 中误差，$V_{\Delta z}≤3$ 倍的 M_Z 中误差	单位权中误差：应取值在 1 左右。基线向量改正数与标准误差比值的绝对值满足： $V_{\Delta x}≤2$ 倍的 M_X 中误差，$V_{\Delta y}≤2$ 倍的 M_Y 中误差，$V_{\Delta z}≤2$ 倍的 M_Z 中误差

2.2　高精度 GNSS 数据处理软件简介

GNSS 数据处理是 GNSS 应用研究的一个重要内容。目前，国际上广泛使用的 GNSS

相对定位软件有：美国麻省理工学院（MIT）和加州大学圣地亚哥分校 Scripps 海洋研究所（SIO）研制的 GAMIT/GLOBK，美国喷气推进实验室（JPL）研制的 GIPSY/OASIS 软件和瑞士 BERNE 大学研制的 BERNESE 软件。

2.2.1 国内外 GNSS 数据处理软件

国际著名的高精度 GNSS 数据处理软件（如 GAMIT、BERNESE、GIPSY）和国内的 SHAGAP 等都具有估算对流层天顶延迟的功能，这些软件一般应用于科学研究，而由 GNSS 接收机生产厂家推出的与接收机匹配的商用处理软件则无估算天顶对流层延迟的功能。在 GNSS 软件研制方面，国内外软件见表 2-4 和表 2-5。

国外高精度 GPS 数据处理软件 表 2-4

GNSS 软件	研制单位
GAMIT	麻省理工学院、加利福尼亚斯克瑞布斯(SCRIPPS)海洋研究所(SIO)
BERNESE	瑞士伯尔尼大学天文学院
OMNI	美国国家大地测量(NGS)部门
EMANON	美国 Emanon 公司
GIPSY	美国喷气推进实验室(JPL)
GAS	英国诺丁汉大学工程测量与空间测量研究所(IESSG)

国内 GNSS 高精度解算软件 表 2-5

GNSS 软件	研制单位
SHAGAP	中国科学院上海天文台(基于 GAMIT 研制)
SNAPS	国家地震局
SOSDS	总参测绘局
GPSADJ	国家测绘局
Power ADJ	武汉大学

尽管不同软件在数据处理方法上各有其特点，但总体结构基本一致，即由数据准备、轨道计算、模型改正、数据编辑和参数估计 5 部分组成：

（1）数据准备：RINREX 格式的数据转换为软件特有的数据格式；剔除一些不正常的观测值（如缺伪距或某个相位数据）；根据测站的先验坐标、星历和伪距数据确定站钟偏差的先验值或站钟偏差多项式拟合系数的先验值。

（2）轨道计算：将广播星历或精密星历改成标准轨道；如果需要改进轨道，则进行轨道积分，将卫星坐标及坐标对初始条件和其他待估参数的偏导写成列表形式。

（3）模型改正：对观测值进行各种误差模型改正（对流层折射、潮汐、自转等）得到理论值及一阶偏导，从观测值中扣除这些理论值得到相应的验前观测残差。

（4）数据编辑：修正相位观测值的周跳，剔除粗差。

（5）参数估计：采用最小二乘或卡尔曼滤波估计，由编辑干净的非差观测值或双差观测值求解测站坐标、相位模糊度、（如果采用定轨或轨道松弛）卫星轨道改正值、地球自转和对流层湿分量天顶延迟等参数。

各种后处理软件由于采用的对流层延迟计算模型和相应的映射函数不完全相同，算出的结果可能存在系统性差别。Basili 分别利用 GIPSY、BERNESE 软件解算 1999 年卡尔加里大学的 GPS 测站的可降水量，将其结果与水汽辐射计的可降水量进行比较，结果见表 2-6 和表 2-7。

GIPSY 软件 GPS 可降水量与水汽辐射计可降水量的季节结果比较　　　表 2-6

时期	水汽辐射计可降水量与 GIPSY 软件解算的 GPS 可降水量			
	偏差/cm	标准差/cm	相关系数	样本数/个
冬季	0.0075	0.1119	0.9668	242
春季	−0.0263	0.1149	0.9748	292
夏季	−0.0088	0.1509	0.9699	226
秋季	−0.0857	0.1409	0.9812	297
整年	−0.0485	0.1360	0.9860	1057

BERNESE 软件 GPS 可降水量与水汽辐射计可降水量的季节结果比较　　　表 2-7

时期	水汽辐射计可降水量与 BERNESE 软件解算的 GPS 可降水量			
	偏差/cm	标准差/cm	相关系数	样本数/个
冬季	0.0083	0.1301	0.9585	253
春季	0.0032	0.1278	0.9663	320
夏季	−0.0261	0.1766	0.9570	253
秋季	0.0261	0.1677	0.9704	298
整年	0.0038	0.1524	0.9793	1124

GAMIT、BERNESE 采用的是双差技术，GIPSY 则采用非差技术。国内外各研究机构进行 GNSS 数据处理采用的软件多为 GAMIT 或 BERNESE 软件，由于 GAMIT 精度高且开放源代码，使用者可根据需要进行源程序的修改，得到广泛应用。本研究采用的软件为 GAMIT。

2.2.2　GAMIT 软件

GAMIT/GLOBK 软件是 MIT 和 SIO 研制的 GNSS 综合分析软件包，可以估计卫星轨道和地面测站的三维相对位置。软件设计基于支持 X－Windows 的 UNIX 系统，现在的版本适用于 Sun（OS/4，Solaris 2）、HP、IBM/RISC、DEC 和基于、Intel 工作站的 LINUX 操作系统。作为科研软件，GAMIT/GLOBK 供研究和教育部门无偿使用，只需通过正式途径得到使用许可证。完全的开放性使用户可以对软件的工作原理、数据处理流程及技巧有全面的了解，这也在一定程度上促进了 GAMIT/GLOBK 的不断更新。GAMIT 软件处理双差观测量，采用最小二乘算法进行参数估计。采用双差观测量的优点是可以完全消除卫星钟差和接收机钟差的影响，同时也可以明显减弱诸如轨道误差、大气折射误差等系统性误差的影响。GAMIT 包括六大主模块，见图 2-1。

各模块功能如下：

ARC——进行轨道积分。

MODEL——组成观测方程。

AUTCLN——自动修复周跳。

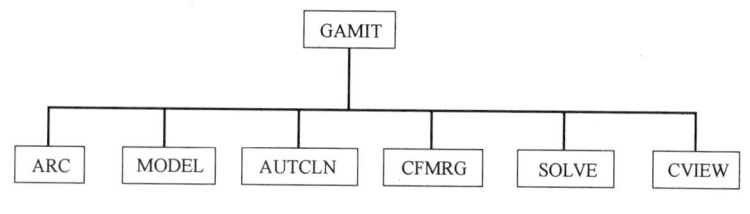

图 2-1　GAMIT 模块结构

CFMRG——模块定义观测值的组合方式。

SOLVE——模块利用双差观测值按最小二乘法求解各参数。

CVIEW——模块在可视图形下交互编辑剔除周跳。

GAMIT 软件估计的参数包括：

测站坐标：可作为加权约束参数。

轨道参数：参考时刻的卫星位置向量和速度向量。

力学模型参数：三个太阳光压参数和六个轨道共振项参数。

对流层延迟：每个时段每个测站附加一个或多个参数的分段线性过程。

模糊度参数：按实数求解后再估计为整数。

地球自转参数：极移分量及其变化率。

GAMIT 软件解算的结果的好坏可以由以下四个指标来衡量，指标分别为：基线重复率、基线向量改正、均方根残差、对流层延迟误差。

（1）基线重复率

评定基线的精度通常用基线的重复性来衡量。基线分量的重复率反映了时段解（单天解）之间的符合精度，是衡量 GNSS 相对定位结果的重要指标之一。

（2）均方根残差

GAMIT 解算结果中的均方根残差（normalized root mean square，nrms），是从历元的模糊度解算中得出的残差，也是衡量 GAMIT 解算结果的一个指标。从伪距的残差来看，均方根残差小于 0.3，其值都合理和可用。

基线向量改正和对流层延迟误差也是衡量 GAMIT 解算结果的指标，这两者可以在 GAMIT 解算结果中获得。

2.3　GNSS 水汽（可降水量）反演原理

GNSS 遥感水汽优势：成本低、精度高、时间分辨率高（可根据天气分析的不同需要设定，一般设为 30min）、实时监测、全天候观测，由于电磁波的穿透性，GNSS 水汽监测不受天气状况的影响，在较厚云层覆盖、暴雨等条件下 GNSS 可正常工作。目前我国建设了国家级、省市级 GNSS 连续观测网络，区域性密集的 GNSS 网可监测数十公里空间范围内较短时间间隔的水汽变化。

GNSS 水汽测量原理：GNSS 卫星发射的电磁波信号到达地面 GNSS 接收机需经过大气层（电离层、对流层），发生电离层延迟和对流层延迟。目前 GNSS 测量精度和 GNSS 数据处理精度高，在 GNSS 处理时可以将 GNSS 对流层延迟作为未知参数，通过 GNSS

解算获得该延迟。GNSS 对流层延迟包括干延迟（静力学延迟）和湿延迟，干延迟可由气象要素（气压、温度）通过模型精确计算。对流层延迟去除干延迟即获得湿延迟（水汽引起的延迟），经过一定的换算，可以计算出对应的水汽含量。

2.3.1　GNSS 测量对流层延迟原理

GNSS 卫星信号在到达接收机以前，穿过大气层时，由于电磁波与大气介质发生相互作用，产生折射效应，引起信号延迟。延迟通常分为电离层延迟和对流层延迟。相对于真空而言，GNSS 信号延迟的大小取决于大气折射率。电离层所引起的延迟可以通过 GNSS 双频载波信号消除。本文关注和研究的内容是因大气作用而导致的延迟。

对流层延迟，不能利用双频观测消除，但可利用模型模拟。对流层对 GNSS 信号的两种影响表现在：（1）降低信号传输的速度，其取决于大气的厚度和折射率；（2）导致信号的弯曲，由于大气折射率的变化，实际的 GNSS 信号路径是一条曲线，而不是直线。这两种影响是由于沿射线传播路径上大气折射指数的变化而造成的。对流层延迟可以用传播路径长度的增加来表示。增加的路径为

$$\Delta L = \int_{L} n(s)\mathrm{d}s - G \tag{2-1}$$

式中，ΔL 为增加的信号传播路径长度，即对流层延迟；$n(s)$ 为沿弯曲的射线路径 L 上 s 处的大气的折射率指数；G 为通过大气的几何直线路径长度（假设大气是真空情况下的路径）。这样

$$\Delta L = \int_{L} [n(s) - 1]\mathrm{d}s + (S - G) \tag{2-2}$$

式中，S 为沿 L 的路径长度。式（2-2）右侧第一项是由于减慢的影响，第二项是由于弯曲的影响。弯曲项 $(S-G)$ 在仰角超过 15° 时大约为 1cm 或更小。当射线指向天顶，而 n 没有水平梯度时，射线为直线，弯曲项就消失了。式（2-2）中折射指数常以大气折射指数 N 表示，$N = 10^6 \times (n-1)$。

大气折射指数是温度、气压、水汽压的函数，其关系式表示为

$$N = 77.6 \times (p/T) + 3.73 \times 10^5 \times (p_w/T^2) \tag{2-3}$$

式中，N 为大气折射指数；p 为大气压，hPa；T 为大气温度，K；p_w 为水汽压，hPa。

式（2-3）第一项要远大于第二项。更精确的大气折射指数计算公式如下

$$N = k_1 \times \left(\frac{P_d}{T}\right) \times Z_d^{-1} + k_2 \times \left(\frac{P_w}{P}\right) \times Z_w^{-1} + k_3 \times \left(\frac{P_w}{T^2}\right) \times Z_w^{-1} \tag{2-4}$$

其中，k_1，k_2，k_3 为大气折射率实验常数，$k_1 = 77.604 \pm 0.014$，K/hPa；$k_2 = 64.79 \pm 0.08$，K/hPa；$k_3 = (3.776 \pm 0.014) \times 10^5$，$K^2/hPa$；

P_d、P_w 分别为干空气和水汽的分气压，hPa；Z_d^{-1}、Z_w^{-1} 分别对应于空气和水汽的修正系数，用于修正非理想气体的情况。这两个值近似为常数，仅仅只有千分之几的变化。对于理想气体，$Z = 1$。Davis 等（1998）研究指出式（2-4）中系数的不确定限制了大气折射指数的计算精度，其误差大约为 0.02%。

2.3.2 对流层延迟模型

对流层延迟计算模型主要有三种，分别为 Hopfield 模型、Saastamoinen 和 Black 模型。

1. Hopfield 模型

众所周知，气温 T、气压 P 和水汽压 e 将随着高度的增加而逐渐降低。在建立 *Hopfield* 模型的过程中，采用下列公式来描述气象要素 T、P 和 e 和高程 h 之间的关系

$$\left.\begin{aligned}\frac{\mathrm{d}T}{\mathrm{d}h} &= -6.8 \\ \frac{\mathrm{d}P}{\mathrm{d}h} &= -\rho \times g \\ \frac{\mathrm{d}e}{\mathrm{d}h} &= -\rho \times g\end{aligned}\right\} \quad (2\text{-}5)$$

由式（2-5）可知，对流层中高程每增加 1km 气温 T 就下降6.8℃，直至对流层的外边缘气温等于绝对温度零度时为止。气压 P 和水汽压 e 也将随高度 h 的增加而降低，其变化率与大气密度 ρ 及重力加速度 g 有关。顾及理想气体状态方程，导出 Hopfield 模型如下

$$\left.\begin{aligned}\Delta S &= \Delta S_d + \Delta S_w = \frac{K_d}{\sin (E^2 + 6.25)^{1/2}} + \frac{K_w}{\sin (E^2 + 2.25)^{1/2}} \\ \Delta S_d &= 155.2 \times 10^{-7} \times \frac{P_s}{T_s} \times (h_d - h_s) \\ K_w &= 155.2 \times 10^{-7} \times \frac{4810}{T_s^2} \times (h_w - h_s) \\ h_d &= 40136 + 148.72 \times (T_s - 273.16) \\ h_w &= 11000\end{aligned}\right\} \quad (2\text{-}6)$$

式中，ΔS 为对流层延迟，m；ΔS_d 为对流层静力学延迟，m；ΔS_w 为对流层湿延迟，m；T_s 为绝对温度，K；P_s 为气压，hPa；e 为水汽压，hPa；E 为高度角，°；h_d 为对流层顶部高于大地水准面的有效高度，m；h_w 为对流层湿气高于大地水准面的有效高度，m。当高度角 $E \geqslant 10°$ 时，对投影函数所作的近似处理所造成的误差小于 5cm。

2. Saastamoinen 模型

Saastamoinen 模型的表达如下

$$\Delta S = \frac{0.002277}{\sin E} \times \left[P_s + \left(\frac{1255}{T_s} + 0.05\right) \times e_s - \frac{B}{\tan^2 E}\right] \times W(\varphi \cdot H) + \delta R \quad (2\text{-}7)$$

式中，$W(\varphi \cdot H) = 1 + 0.0026 \times \cos 2\varphi + 0.00028 \times h_s$，其中，$\varphi$ 为测站纬度，°；h_s 为测站高程，km。B 是 h_s 的列表函数，δR 是 E 和 h_s 的列表函数。

经数值拟合后上述公式可表示为：

$$\left.\begin{aligned}\Delta S &= \frac{0.002277}{\sin E'} \times \left[P_s + \left(\frac{1255}{T_s} + 0.05\right) \times e_s - \frac{a}{\tan^2 E'}\right] \\ E' &= E + \Delta E \\ \Delta E &= \frac{16''}{T_s} \times \left(P_s + \frac{4810}{T_s} e_s\right) \times \cot E \\ a &= 1.16 - 0.15 \times 10^{-3} \times h + 0.716 \times 10^{-3} \times h_s^2\end{aligned}\right\} \quad (2\text{-}8)$$

3. Black 模型

Black 模型是对流层延迟估算的三大模型之一，该模型表达如下

$$\Delta S = K_d \times \left[\sqrt{1 - \left[\frac{\cos E}{1 + (1 - l_0) \times \frac{h_d}{r_s}} \right]^2} - b(E) \right] + K_w \times \left[\sqrt{1 - \left[\frac{\cos E}{1 + (1 - l_0) \times \frac{h_w}{r_s}} \right]^2} - b(E) \right]$$

(2-9)

其中，参数 l_0 和路径弯曲改正 $b(E)$ 可用下式确定

$$l_0 = 0.833 + [0.076 + 0.00015 \times (T_s - 273.16)]^{-0.3E}$$

$$b = 1.92 \times (E^2 + 0.6)^{-1}$$

式（2-9）中，ΔS 为对流层延迟，m；E 为高度角，°；h_d 为对流层顶部高于大地水准面的有效高度，m；h_w 为对流层湿气高于大地水准面的有效高度，m。h_d，h_w，K_d，K_w 计算公式如下：

$$\left. \begin{aligned} &h_d = 148.98 \times (T_s - 3.96) \\ &h_w = 13000 \\ &K_d = 0.002312 \times (T_s - 3.96) \times \frac{P_s}{T_s} \\ &K_w = 0.20 \end{aligned} \right\}$$

(2-10)

上述几种对流层延迟模型虽然形式各不相同，但用同一组气象数据代入后求得的天顶方向的对流层延迟的较差一般仅有几个 mm。以上结论成立的条件为测站高程 h_s 数值不大，但当测站高程 h_s 的数值很大时（超过 1000m），Hopfield 模型和 Saastamoinen 模型求得的天顶方向的对流层延迟可相差数 10cm。在这种情况下，不宜采用 Hopfield 模型。

GNSS 对流层延迟作为未知参数，在 GNSS 数据处理中选取适当的对流层延迟解算模型，GNSS 处理结果可获得对流层延迟。

GNSS 载波相位基本观测方程[58]如下：

$$\varphi_i^j(t) = \frac{f}{c} \times \rho_i^j(t) + f \times [\delta t_i(t) - \delta t^i(t)] - N_i^j(t_0) + \frac{f}{c} \times [\Delta_{i.I_p}^j(t) + \Delta_{i.T}^j(t)] \quad (2-11)$$

式中，$\varphi_i^j(t)$ 为观测历元 t_i 时刻卫星 s^j 至观测站 T_i 的载波相位；$\rho_i^j(t)$ 为观测历元 t_i 时刻卫星 s^j 至观测站 T_i 的几何距离；$[\delta t_i(t) - \delta t^i(t)]$ 为观测历元 t_i 时刻接收机钟相对卫星钟的钟差；$\Delta_{i.I_p}^j(t)$ 为观测历元 t_i 时刻电离层延迟的影响；$\Delta_{i.T}^j(t)$ 为观测历元 t_i 时刻对流层延迟的影响。

式（2-11）中的 $\Delta_{i.T}^j(t)$ 为对流层延迟，对流层延迟可以从 GNSS 数据处理结果中得出。

在高精度的 GNSS 数据处理软件中，估算对流层延迟常用的方法有两种：

（1）采用最小二乘估计，在每个给定的时间间隔里，每个测站上确定一个对流层延迟参数，即在给定时间间隔里，把对流层延迟看成常数。

（2）利用卡尔曼滤波，把对流层延迟作为一个随机过程来处理。在两种方法中均假定 GNSS 天线周围的大气是各向同性的。

2.3.3　静力学延迟计算

静力学延迟的计算模型与对流层延迟模型一样，有三种模型，分别为 Hopfield 模型、

Saastamoinen 和 Black 模型。静力学延迟的计算模型较为精确，可达到 mm 级。

1. Hopfield 模型

Hopfield 模型的表达如下

$$\left.\begin{aligned}\Delta S_d &= \frac{77.6 \times 10^{-3} \times P_s}{5 \times T_s} \times (h_d - h_s) \\ h_d &= 40136 + 148.72 \times (T_s - 273.16)\end{aligned}\right\} \tag{2-12}$$

式中，ΔS_d 为静力学延迟，mm；T_s 为绝对温度，K；P_s 为气压，hPa；h_d 为对流层顶部高于大地水准面的有效高度，m；h_s 为测站的海拔高程，m。

2. Saastamoinen 模型

Saastamoinen 模型的表达如下

$$\left.\begin{aligned}\Delta S_d &= (2.2768 \pm 0.0024) \times \frac{P_s}{f(\theta, H)} \\ f(\theta, H) &= 1 - 0.00266 \times \cos 2\theta + 0.00028 \times H\end{aligned}\right\} \tag{2-13}$$

式中，ΔS_d 为静力学延迟，mm；P_s 为测站表面大气压，hPa；θ 为测站纬度，°；H 为测站大地高，km。

3. Black 模型

Black 模型的表达如下

$$\Delta S_d = 2.312 \times (T_s - 3.96) \times \frac{P_s}{T_s} \tag{2-14}$$

经验证，在测站高程不大（小于 1000m）时，静力学延迟解算的三个模型的结果非常接近。在测站高程大于 1000m 时，静力学延迟解算可用 Saastamoinen 和 Black 模型，如果要用 Hopfield 模型的话，需要对该模型进行修正。

2.3.4 GNSS 可降水量的计算

GNSS 可降水量的计算过程如下：通过对流层延迟和静力学延迟相减得到对流层湿延迟，再由可降水量与对流层湿延迟的转换关系获得可降水量。

（1）对流层湿延迟计算

湿延迟可由对流层延迟和静力学延迟差值得到，即

$$\Delta S_w = \Delta S - \Delta S_d \tag{2-15}$$

式中，ΔS 为对流层延迟，ΔS_d 为静力学延迟，ΔS_w 为湿延迟。

（2）可降水量的计算

表征大气水汽含量通常有两种：（1）综合水汽含量（Integrated Water Vapor，IWV），即每单位面积上水汽的质量，其高度可理解为往上无限地延伸；（2）可降水量（Precipitable Water Vapor，PWV），相当于同样水汽含量的水柱高，可理解为某一时刻大气中的水汽在达到饱和时凝结成水全部降落所产生的降水量，即

$$PWV = IWV / \rho \tag{2-16}$$

式中，ρ 为液态水密度。

可降水量与对流层湿延迟的关系可通过下列关系式得到

$$PWV = \Pi \times ZWD \tag{2-17}$$

式中，Π 为转换系数，kg/m^3。转换系数 Π 可按下式计算（Bevis，1992）：

$$\Pi = 10^6 / [(k_3 \times T_m^{-1} + k_2') \times R_v] \tag{2-18}$$

式中，k_2' 和 k_3 为大气折射常数，$k_2' = 22.1 \pm 2.2$，K/hPa；

$k_3 = 3.739 \times 10^5 \pm 0.012 \times 10^5$，$K^2/hPa$；$R_v$ 为水汽的气体常数，$R_v = 4.613 \times 10^6$，$erg/g \cdot °$。T_m 为大气加权平均温度，K，其是水汽分压和相应的绝对温度沿天顶方向的积分值，可由下列公式计算：

$$T_m = \frac{\int (P_v / T) \times \mathrm{d}z}{\int (P_v / T^2) \times \mathrm{d}z} \tag{2-19}$$

式中，P_v 为某点上的水汽分压，hPa；T 为同一点上的绝对温度，K。由于 P_v、T 都随时间和空间的变化而变化，T_m 是一个时空变化量，故转换系数 Π 也是一个变化量。要确定转换系数 Π，首先要确定大气加权平均温度 T_m。

（3）大气加权平均温度的确定

由于水汽分压垂直分布不均匀性和随时间变化复杂性，大气加权平均温度 T_m 的精确积分值难以求得。计算 T_m 实际值的最佳方法为利用当地气象观测仪器无线电探空仪（radiosonde）的观测数据根据式（2-19）求得；计算大气加权平均温度模型简便的方法是取一固定值作为某一地区平均温度值，但精度较低。

大气加权平均温度通常采用统计方法推出的大气加权平均温度相对于表面温度 T_s 的线性回归公式来求得。Bevis 等（1992）利用无线电探空仪数据推出了适合中纬度（$27°N \sim 65°N$）地区的线性回归公式：

$$T_m = 70.2 + 0.72 \times T_s \tag{2-20}$$

李建国等（1999）利用中尺度气象模式（mesoscale meteorological model）MM4 输出的各网格点上的温、湿参数，采用统计回归的方法，确定了适合我国东部地区的回归公式

$$T_m = 44.05 + 0.81 \times T_s \tag{2-21}$$

（4）转换系数的计算

如果大气加权平均温度取为固定值，相应的 Π 为常数，近似取为 0.15（Rocken et al，1995），这是确定 Π 的简单方法，但其计算的 GPS 可降水量精度较低。转换系数 Π 一般是采用式（2-20）计算的大气加权平均温度模型来推算。利用本地区、相应季节的线性回归公式来计算转换系数 Π，精度要稍好于式（2-20）的转换系数 Π 结果。

转换系数 Π 的计算还可以根据测站纬度和年积日来计算，计算公式如下

$$\Pi^{-1} = a_0 + a_1 \times \theta + a_2 \times \sin\left(2\pi \times \frac{t_D}{365}\right) + a_3 \times \cos\left(2\pi \times \frac{t_D}{365}\right) \tag{2-22}$$

式中，θ 为测站纬度；t_D 为年积日；$a_0 = 5.861$，$a_1 = 0.011$，$a_2 = 0.054$，$a_3 = 0.138$。对于同一个测站来说测站纬度是固定的，因此转换系数 Π 是观测日期的函数。

2.4　利用 GAMIT 软件解算 GNSS 水汽

本章第 2 节介绍了国内外高精度 GNSS 数据处理软件，GAMIT 软件由于其开源免

费、代码可更改特性，在 GNSS 数据处理及 GNSS 水汽领域应用最为广泛。本节将从卫星星历、解算模式、网外辅助站最佳数量、卫星截止高度角等方面探讨如何利用 GAMIT 软件解算 GNSS 水汽。本节 GAMIT 软件解算 GNSS 水汽采用的数据为武汉市 GNSS 连续观测网 GNSS 数据。

2.4.1 卫星星历的选取

准实时的 GPS 可降水量序列是实现 GNSS 可降水量短时灾害性天气的预报与监测的前提。精密星历（Final ephemeris）的获取是需要在 12～18 日后得到，能够提前得到的星历为快速预报星历（Ultra-Rapid ephemeris），两者的卫星轨道精度为 2.5cm（http://igs. org/products）。为实现可降水量的准实时预报，必须采用快速预报星历计算。

国际 GNSS 服务提供的星历主要有如下几种：广播星历（Broadcast ephemeris）、快速预报星历（Ultra-Rapid ephemeris，Ultra-Rapid（predicted half）和 Ultra-Rapid（observed half））、快速星历（Rapid ephemeris）和精密星历（Final ephemeris）。表 2-8 为 IGS 提供的卫星星历的轨道、钟差、采样率和更新时间的对比。

不同卫星星历的对比（http://igs. org/products） 表 2-8

		精度	更新时间	采样率
广播星历	轨道误差	~100cm	实时	daily
	卫星钟差	~5ns		
快速预报星历(预测部分)	轨道误差	~5cm	实时	15min
	卫星钟差	~3ns		
快速预报星历(实测部分)	轨道误差	~3cm	3-9h	15min
	卫星钟差	~150ps		
快速星历	轨道误差	~2.5cm	17-41h	15min
	卫星钟差	~75ps		5min
精密星历	轨道误差	~2.5cm	12-18d	15min
	卫星钟差	~75ps		30s

利用武汉 GPS 连续观测网 2005 年第 301～321 日（年积日）的 GNSS 数据，采样间隔为 30s，观测时间为 UTC 时间 00：00～24：00，解算软件和卫星星历为 GAMIT 软件、快速预报星历，采用松弛解模式（RELAX）解算出测站对流层延迟，逐天解算。GAMIT 处理 GNSS 数据时，基线长度应长于 500km，这样得到的各测站的对流层延迟是独立的估计值[59,60]。为使求解出来的对流层延迟为独立的估计值，本节将北京房山（BJFS）、上海（SHAO）、拉萨（LHAS）三个 IGS 站，与武汉 GNSS 连续观测网的 GNSS 数据一起解算。

选取 WHCD、WHDH 两个 GNSS 测站为研究对象，进行 WHCD、WHDH 的精密星历与快速预报星历的结果比较，见图 2-2、图 2-3。

由图 2-2 和图 2-3 可见，精密星历与快速预报星历得到的结果不仅数值相近，且趋势一致。相关性达到 99.97%，两者差值的均方根为 0.048mm。这从精度上、时效上说明了利用快速预报星历可以实现 GNSS 可降水量的准实时预报。

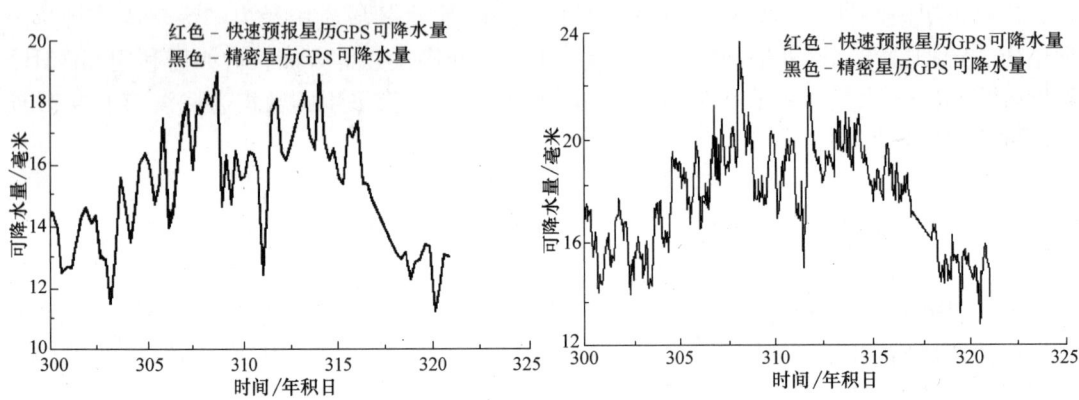

图 2-2　WHCD 精密星历与快速
预报星历的结果比较

图 2-3　WHDH 精密星历与快速
预报星历的结果比较

2.4.2　计算方式的选取

在 GPS 解算软件 GAMIT 中主要有两种数据处理方式，分别为松弛解（RELAX）和基线解（BASELINE）模式。松弛解相对于基线解来说，考虑了轨道误差。采用卫星星历与处理模式结合的方式来确定 GAMIT 软件的最佳计算方式，卫星星历与处理模式结合的方式有四种类型，分别为精密星历/松弛解、精密星历/基线解、快速预报星历/松弛解、快速预报星历/基线解。

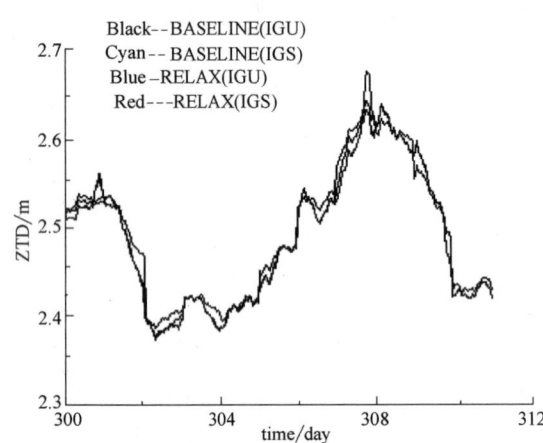

图 2-4　四种卫星星历与处理模式的
结合方式的结果对比

试验数据采用 2005 年 300～311 日共计 12d GPS 数据，图 2-4 为四种方式解算结果的比较。

由于精密星历的精度略高于快速预报星历，松弛解比基线解考虑的因素多一些，因此可以认为精密星历松弛解的结果最佳，对四种结果数据进行统计比较，见表 2-9。

星历、计算方式的结果比较统计　　　　　　　　　　　　　　　　　　　　表 2-9

	均值/mm	均方根/mm	相关系数
精密星历/松弛解-快速预报星历/基线解	5.04	12.3	0.987
精密星历/松弛解-快速预报星历/松弛解	5.05	12.3	0.987
精密星历/松弛解-精密星历/基线解	4.83	9.7	0.992

由图 2-4 和表 2-9 可见，四种结果在数值上差别很小，在发展趋势上也非常一致。在 GAMIT 软件计算方式上选择 RELAX 模式。

2.4.3 网外辅助站最佳数量的确定

在利用双差技术软件 GAMIT 解算区域 GNSS 网每个测站的可降水量时,该技术可消除卫星钟差影响。对于较近的两个测站,由于卫星高度角接近,信号传输路径基本相同,大气延迟基本相同,对流层延迟相关性很强。在利用双差技术解算时,获得的可降水量为测站间的相对可降水量,不能准确计算出各测站绝对的可降水量值[61]。获得区域 GNSS 网各测站的可降水量的绝对值的方法有二种:(1)加入水汽辐射计辅助求出测站可降水量;(2)GNSS 网中有长于 500km 的长基线以减少其相关性[59]。

由于武汉地区 GNSS 气象网测站间的距离仅为数十公里,为获得该网的绝对可降水量值,可加入长距离 GNSS 测站。测站数量和数据量大小涉及数据处理工作的效率和网络维持的费用,选择网外辅助站数量时既要保证 GNSS 可降水量的绝对性和可靠性,又要尽量降低测站的数目和数据量的大小。在本节试验研究中,采用添加同时段的中国地壳运动监测网络的 GNSS 测站数据。在该试验中,采用了七种解算方案,见表 2-10。

武汉地区 GNSS 气象网加入长距离 GNSS 辅助站试验方案 表 2-10

方案	长距离 GPS 测站	引入 GPS 测站数/个
方案一		0
方案二	shao	1
方案三	Shao bjfs	2
方案四	Shao bjfs lhas	3
方案五	Shao bjfs lhas guan	4
方案六	Shao bjfs lhas guan chun	5
方案七	Shao bjfs lhas guan chun kmin	6

试验数据为 2005 年第 301~304 日武汉 GNSS 连续参考系统 GNSS 数据,根据表 2-10 的不同方案加入不同数量的长距离 GNSS 测站观测数据,利用 GAMIT 软件解算出各测站的对流层延迟。比较不同方案解算的各测站对流层延迟的结果,见图 2-5~图 2-10。

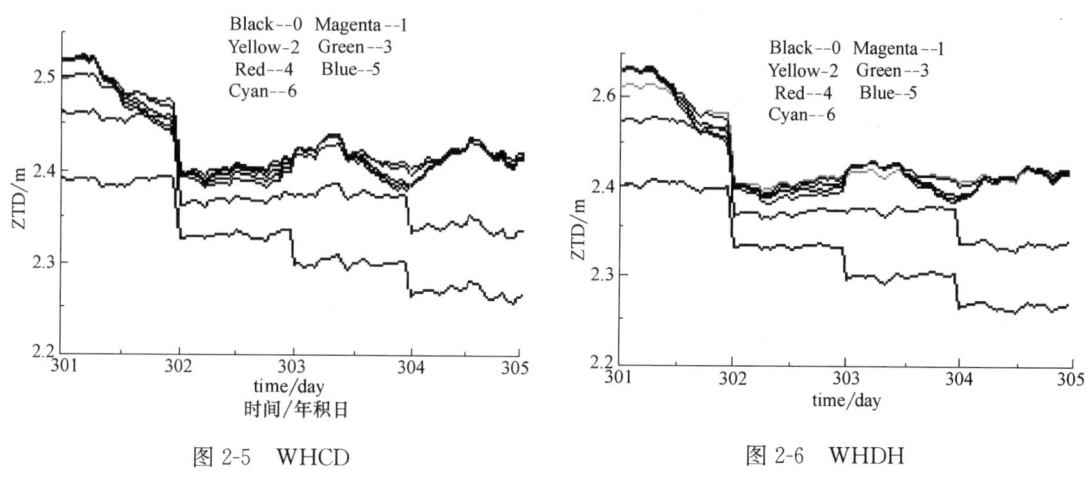

图 2-5 WHCD   图 2-6 WHDH

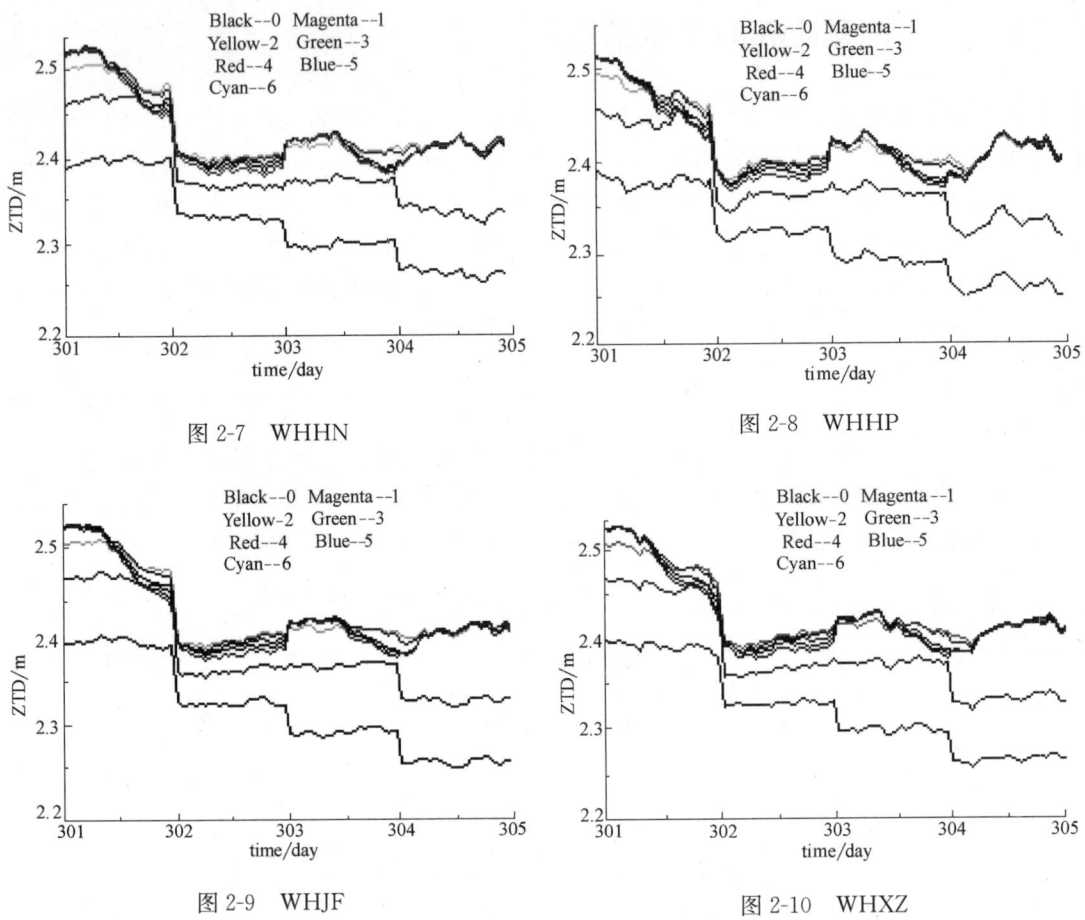

图 2-7　WHHN

图 2-8　WHHP

图 2-9　WHJF

图 2-10　WHXZ

由图 2-5 至图 2-10 可见，以六个网外长距离辅助站计算的对流层延迟结果为标准，不加入长距离网外辅助站的武汉 GNSS 连续参考系统的对流层延迟的计算结果与加六个网外辅助站的结果存在一个系统偏差，两者的变化趋势比较一致；当加入两个以上的网外长距离辅助站时，对流层延迟的结果非常接近，对流层延迟的变化趋势基本一致。对武汉 GNSS 连续参考系统各测站的对流层延迟结果进行统计分析，见表 2-11。

湿延迟转化为可降水量时，常用方法为将转换系数设定为 0.15，即 1mm 的可降水量对应了 6.7mm 的湿延迟。为使可降水量的精度接近于 1mm，湿延迟的精度需要 6.7mm。由于试验中比较的是不同数量的网外辅助站对武汉 GNSS 连续参考系统对流层延迟结果的影响，此时各测站的静力学延迟不变，因而比较可降水量的精度可以用相应的对流层延迟的精度来表示。

由表 2-11 可见，增加一个长距离辅助站时，对流层延迟的结果得到明显改善，均值由 100mm 下降到 38mm，均方根降了 10mm。当加入三个长距离辅助站时，此时测站对流层延迟与加入六个网外辅助站后的测站对流层延迟的均值、均方根均为 8mm，折算成可降水量接近于 1mm 的精度，相关性达到 98%。当加入三个网外长距离辅助站时，武汉 GNSS 连续参考系统解算得到的可降水量可以达到 1mm 的精度，满足气象应用需求。

武汉地区 GNSS 气象网最佳辅助站的确定 表 2-11

测站		S_{60}	S_{61}	S_{62}	S_{63}	S_{64}	S_{65}
WHCD	均值/mm	102.2	39.1	−6.5	−8.7	−4.6	−2.2
	均方根/mm	36.5	27.9	13.2	8.2	4.9	2.2
	相关性	0.633	0.791	0.950	0.980	0.993	0.998
WHDH	均值/mm	101.2	38.4	−6.3	−8.5	−4.3	−2.1
	均方根/mm	36.1	27.8	13.2	8.2	4.9	2.2
	相关性	0.713	0.836	0.958	0.983	0.994	0.998
WHHN	均值/mm	101.4	38.1	−6.3	−8.6	−4.4	−2.1
	均方根/mm	36.9	27.9	13.4	8.2	4.9	2.8
	相关性	0.689	0.830	0.956	0.983	0.994	0.998
WHHP	均值/mm	101.4	39.3	−6.7	−8.7	−4.8	−2.3
	均方根/mm	35.7	27.9	12.9	8.1	4.9	2.7
	相关性	0.627	0.775	0.949	0.979	0.992	0.997
WHJF	均值/mm	100.3	38.2	−6.5	−8.6	−4.5	−2.1
	均方根/mm	36.0	27.9	13.2	8.3	5.0	2.8
	相关性	0.716	0.836	0.958	0.983	0.994	0.998
WHXZ	均值/mm	100.6	38.9	−6.6	−8.6	−4.5	−2.2
	均方根/mm	34.9	27.6	12.8	8.1	4.9	2.7
	相关性	0.699	0.817	0.956	0.981	0.993	0.998

注：S_{60} 为六个网外长距离辅助站计算的对流层延迟与无网外长距离辅助站计算的对流层延迟的差值；S_{61} 为六个网外长距离辅助站计算的对流层延迟与一个网外长距离辅助站计算的对流层延迟的差值；S_{62} 为六个网外长距离辅助站计算的对流层延迟与两个网外长距离辅助站计算的对流层延迟的差值；S_{63} 为六个网外长距离辅助站计算的对流层延迟与三个网外长距离辅助站计算的对流层延迟的差值；S_{64} 为六个网外长距离辅助站计算的对流层延迟与四个网外长距离辅助站计算的对流层延迟的差值；S_{65} 为六个网外长距离辅助站计算的对流层延迟与五个网外长距离辅助站计算的对流层延迟的差值。

2.4.4 截止高度角的选择

截止高度角（cut off angle）关系到 GNSS 信号选取问题，确定合适的高度角是 GNSS 解算对流层延迟需要考虑的一个因素。GAMIT 软件允许对截止高度角任意设置。在 GNSS 数据分析过程中，如果包含低高度角资料时，模型中水汽的微小变化将引起对流层延迟的较大变化。因此反演过程敏感性增加，同时使映射函数的不确定性增加。考虑高度角对 GNSS 解算结果的影响，我们选取高度角分别为 5°、10°、15°、20°、25°、30° 的六种方案，结果见表 2-12。

不同高度角对 GNSS 解算结果的影响 表 2-12

高度角/(°)		5	10	15	20	25	30
均方根残差		0.23553	0.23553	0.23553	0.21578	0.2000	0.18213
	X/mm	3.9	3.9	3.9	5.7	8.5	13.2
	Y/mm	8.1	8.1	8.1	12.1	18.5	28.8
基线	Z/mm	5.3	5.3	5.3	7.9	12.1	18.8
WHCD-WHDH	N/mm	1.6	1.6	1.6	1.7	1.9	2.2
	E/mm	1.8	1.8	1.8	2.0	2.3	2.8
	U/mm	10.2	10.2	10.2	15.3	23.5	36.7
对流层延迟/mm		9.5	9.5	9.5	15.4	24.3	39.2

　　由表 2-12 可见，高度角越大，均方根残差越小。然而，高度角越大，基线向量各方向的改正值逐渐增大，对流层延迟的改正值增大。当高度角为 5°、10°、15°时，GNSS 解算结果的各指标一致，高度角时若选取 5°、10°、15°结果一致。由于 GAMIT 软件对高度角的默认为 10°，因而本文采用 GAMIT 软件时采用默认参数，高度角设为 10°。

2.5　本章小结

　　本章在介绍 GNSS 静态测量数据处理和国内外高精度 GNSS 数据处理软件的基础上，详细论述了 GNSS 水汽的反演原理，通过卫星星历、计算方式、网外辅助站最佳数量的确定和卫星截止高度角等参数的设置，通过实例比较，获得了 GAMIT 软件解算 GNSS 水汽的最佳参数设置。

第 3 章　GNSS 水汽用于霾灾害天气监测的可行性研究

我国是 PM2.5 污染最严重的国家之一，中东部区域为重度污染区。我国区域灰霾污染日益严重，区域大气能见度逐年下降，细颗粒物浓度超标。我国政府非常重视大气污染防治，近年来连续出台了《大气污染防治行动计划》（国十条）、《重点区域大气污染防治"十二五"规划》、《环境空气质量标准》（GB 3095—2012）等相关文件。

霾，也称灰霾（烟霞），空气中的灰尘、硫酸、硝酸、有机碳氢化合物等粒子使大气混浊，视野模糊并导致能见度恶化，如果水平能见度小于 10000m 时，将这种非水成物组成的气溶胶系统造成的视程障碍称为霾（Haze）或灰霾（Dust-haze）。形成霾天气的颗粒比较小，从 $0.001\mu m$ 到 $10\mu m$，平均直径大约在 $1\sim2\mu m$ 左右。霾看起来呈黄色或橙灰色。霾天气的形成与污染物的排放密切相关，城市中机动车尾气以及其他烟尘排放源排出粒径在微米级的细小颗粒物，停留在大气中，当逆温、静风等不利于扩散的天气出现时，就形成霾。特别是近年，雾霾现象呈现频率增多且程度加重的趋势。霾天气/PM2.5 浓度（大气污染颗粒物浓度，90％为 PM2.5）的实时和长期监测具有重要的意义。

水汽是影响气态污染物形成 PM2.5 微颗粒的外在环境因素，水汽的变化是否影响PM2.5 浓度的变化？两者变化是否存在相关性，相关性如何？本章将通过北京、河北省GNSS 连续观测网络数据联合 PM2.5 浓度观测数据，分析不同季节、不同区域两者的相关性，探讨利用 GNSS 水汽进行 PM2.5 浓度监测的可行性。

3.1　雾霾天气对 GNSS 测量的影响

近年来我国雾霾天气频发，严重影响了公众健康和交通出行安全，该天气对于 GNSS卫星信号达到用户接收机引起的大气延迟（天顶对流层延迟）究竟多大，对于导航定位、特别是精密单点定位的影响是否可以忽略，以及该天气对于可降水量的变化影响，国内外研究甚少。基于此背景，本节选择北京为研究对象，利用北京市 GNSS 连续观测网数据，通过研究雾霾天气过程前后 GNSS 天顶对流层延迟、GNSS 可降水量和 GNSS 基线向量的变化，探讨雾霾天气对 GPS 测量的影响。

3.1.1　实验数据

通过查询历史资料，北京市在 2011 年 10 月 22 日、11 月 16 日、12 月 5 日和 12 月 6日发生较为严重的雾霾天气。其中，2011 年 12 月 5 日和 6 日北京市气象局连续两天发布大雾黄色预警。基于以上三次雾霾天气过程，本节的研究就是分析在雾霾天气过程前后GNSS 天顶对流层延迟、GNSS 可降水量和 GNSS 基线向量的变化。

利用与三次雾霾天气过程前后相对应时间的北京 GNSS 资料（2011 年 10 月 18～27

日；2011 年 11 月 11～20 日；2011 年 12 月 1～10 日），下载同期 IGS 国内 GPS 站点（BJFS、KUNM、LHAZ、SHAO、URUM、WUHN），利用 GAMIT/GLOBK 10.4 进行解算。GAMIT 数据解算设置如下：采用 IGS 提供的精密星历，采样间隔 30s，解算模式为 RELAX 模式，解算时间为 UTC 00：00～24：00，按天解算。天顶对流层延迟的设置为每半小时解算一次，GAMIT 软件估算天顶对流层延迟所用气象参数采用默认标准值。解算过程中，引入长距离 IGS 站（KUNM、LHAZ、SHAO、URUM、WUHN）同步处理，因而所得天顶对流层延迟为绝对估计值。通过 GAMIT 软件计算，可获得北京 GPS 站点的天顶对流层延迟序列。

关于雾霾天气对 GNSS 可降水量变化的影响研究，由于北京各 GNSS 站点同期的气象观测数据的不可得性，本文选择使用 IGS 提供的 GNSS 站点的气象观测数据，下载 BJFS 站同期的气象观测数据，利用 Saastamoinen 模型计算静力学延迟，由天顶对流层延迟减去静力学延迟获得天顶对流层湿延迟，通过模型转换获得可降水量[62]。据此获得 BJFS 站的 GNSS 可降水量序列。

3.1.2　雾霾天气对 GNSS 天顶对流层延迟变化的影响

本节利用 GAMIT 软件反演的 GNSS 测站天顶对流层延迟，针对 2011 年的三次雾霾天气过程，研究雾霾天气对 GPS 天顶对流层延迟的影响。北京 GNSS 连续观测网有 14 个站点，由于篇幅限制，本研究随机选取四个站点（SHIJ、BJFS、CEHY、DSQI）的天顶对流层延迟进行雾霾天气前后的变化研究。

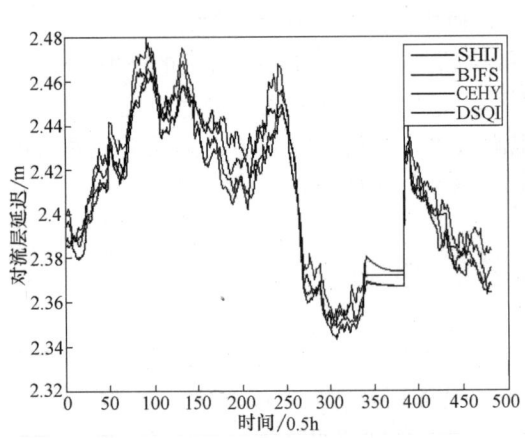

图 3-1　2011 年 10 月 22 日雾霾天气对 GNSS 天顶对流层延迟的影响

（注：图 3-1 时间为 2011 年 10 月 18 日至 27 日 GNSS 天顶对流层延迟变化序列，其中雾霾发生日为 10 月 22 日，对应图 3-1 横轴数据为 193～240。）

（1）2011 年 10 月 22 日雾霾天气对 GNSS 天顶对流层延迟的影响

由图 3-1 看出，雾霾发生日天顶对流层延迟明显呈现上升趋势。从雾霾发生日的 00：00 至 24：00，SHIJ、BJFS、CEHY、DSQI 四个站点的天顶对流层延迟变化分别为 2.2cm、3.7cm、2.7cm 和 2.4cm。10 月 23 日雾霾天气过程消失，GNSS 天顶对流层延迟出现明显的下滑趋势。从 00：00 至 24：00，SHIJ、BJFS、CEHY、DSQI 天顶对流层延迟变化分别为 −7.5cm、−7.6cm、−6.8cm 和 −8.0cm。

（2）2011 年 11 月 16 日雾霾天气对 GNSS 天顶对流层延迟的影响

由图 3-2 看出，雾霾日天顶对流层延迟呈现明显的上升趋势。从雾霾发生日的雾霾日天顶对流层延迟明显呈现上升趋势。11 月 16 日（雾霾日）00：00～24：00，SHIJ、BJFS、CEHY、DSQI、THKO、YANQ、ZHAI、CHAO、MYUN、NKYU 的天顶对流层延迟变化分别为 6.1cm、5.9cm、6.8cm、6.9cm、6.4cm、6.5cm、6.1cm、6.4cm、

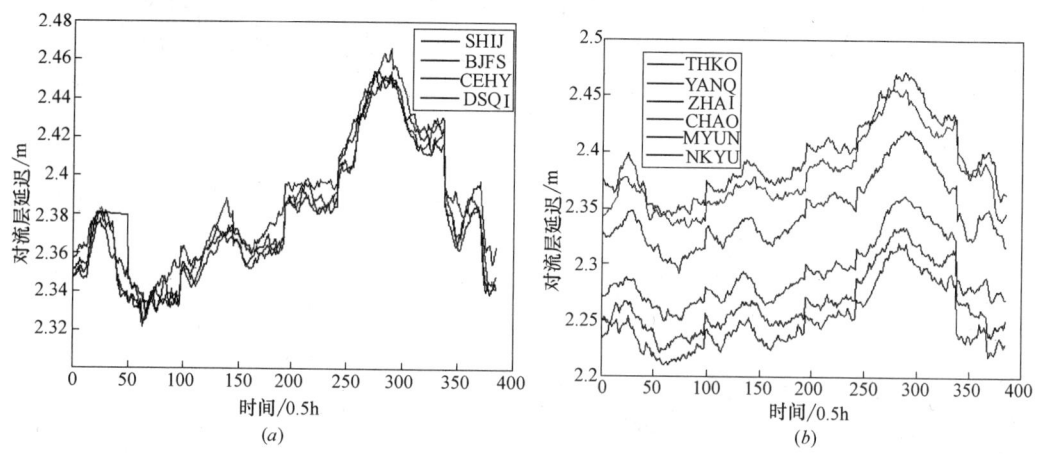

图 3-2 2011 年 11 月 16 日雾霾天气对 GNSS 天顶对流层延迟的影响

(注：图 3-2 时间为 2011 年 11 月 11 日至 18 日 GNSS 天顶对流层延迟变化序列，

其中雾霾发生日为 11 月 16 日，对应图 3-2 横轴数据为 241～288。)

7.1cm 和 6.1cm。雾霾散去日（11 月 17 日）GPS 测站天顶对流层延迟一直处于下降过程，该日 00：00～24：00，SHIJ、BJFS、CEHY、DSQI、THKO、YANQ、ZHAI、CHAO、MYUN、NKYU 的天顶对流层延迟变化分别为－2.7cm、－2.1cm、－3.5cm、－4.1cm、－3.7cm、－3.7cm、－1.8cm、－4.0cm、－5.0cm 和－2.7cm。

（3）2011 年 12 月 5 日和 12 月 6 日雾霾天气对 GNSS 天顶对流层延迟的影响

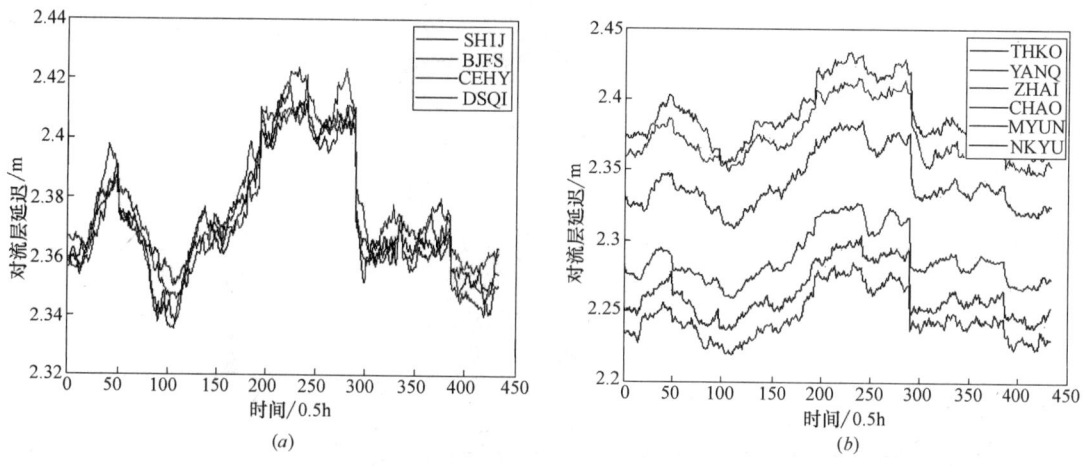

图 3-3 2011 年 12 月 5 日和 6 日雾霾天气对 GNSS 天顶对流层延迟的影响

(注：图 3-3 时间为 2011 年 12 月 1 日至 9 日 GNSS 天顶对流层延迟变化序列，

其中雾霾发生日为 12 月 5 日和 6 日，对应图 3-3 横轴数据为 193～288。)

从图 3-3 可以看出，此次雾霾过程持续两天，天顶对流层延迟的变化略不同于前两次雾霾过程。雾霾发生日（12 月 5 日）天顶对流层延迟持续上升，雾霾延续日（12 月 6 日）天顶对流层延迟在峰值徘徊，12 月 7 日雾霾天气过程消失，天顶对流层延迟急剧下降。12 月 5 日雾霾发生，SHIJ、BJFS、CEHY、DSQI、THKO、YANQ、ZHAI、CHAO、MYUN、NKYU 的天顶对流层延迟变化分别为 2.3cm、1.7cm、2.9cm、2.6cm、2.1cm、

2.0cm、1.9cm、3.3cm、2.2cm 和 1.8cm。12 月 7 日雾霾过程消失，SHIJ、BJFS、CE-HY、DSQI、THKO、YANQ、ZHAI、CHAO、MYUN、NKYU 的天顶对流层延迟变化分别为 －3.8cm、－4.0cm、－2.8cm、－3.4cm、－2.5cm、－2.1cm、－2.8cm、－3.6cm、－3.2cm 和－3.5cm。

由于地面气温和太阳辐射的日变化，可降水量呈现日变化的趋势[27]，可降水量的日变化同样导致 GNSS 测站天顶对流层延迟也有一个日变化的过程。对于北京市 2011 年三次雾霾天气过程，在雾霾发生前后数日，天顶对流层延迟具有日变化波动。雾霾发生日和雾霾消失日，GNSS 天顶对流层延迟并没有表现日变化这一过程。相反，在雾霾发生过程中，GNSS 天顶对流层延迟呈现上升趋势，如果雾霾持续多日，GNSS 天顶对流层延迟在高位持续徘徊，当雾霾过程消失时，GNSS 天顶对流层延迟呈现一个急剧下降趋势。

雾霾天气过程 GNSS 天顶对流层延迟呈现不同以往天气过程的变化，在精密单点定位软件应用中，需要对天顶对流层延迟模型加以改进，以提高在雾霾天气变化过程的精密定位精度。

3.1.3　雾霾天气对 GNSS 可降水量的影响

利用 GAMIT 反演的 BJFS 测站天顶对流层延迟，结合 IGS 提供的同址气象数据，可获得 BJFS 的可降水量（PWV，Precipitable Water Vapor）序列。结合 2011 年三次雾霾天气过程，研究 GNSS 可降水量序列在雾霾天气过程的变化（图 3-4（a），（b），（c））。

从三次雾霾过程中 GNSS 可降水量的变化来看，雾霾发生时，GNSS 可降水量呈现上升趋势，雾霾过程结束时，GNSS 可降水量呈现下降趋势。图 3-4（c）显示，GNSS 可降水量值在 12mm 值徘徊时间为两天，对应 12 月 5 日和 6 日的雾霾过程。可见，雾霾天气过程对应了可降水量的上升。

当冷空气来临时，北京地面多处于高压底部偏东风控制，这种地面的弱辐合不利于污染物扩散，且增加空气湿度，对雾霾天气产生和维持有利。大气温度结构表现为持续性稳定的逆温层结特征。污染物在水平和垂直方向均不易扩散，从而使水汽和污染物在低层堆积，导致北京雾霾天气多发[63]。持续多日的雾霾天气与北京的特殊地形密切相关，北京三面环山的地形造成了在弱流场情况下，山前及平原地区出现空气滞留现象。

3.1.4　雾霾天气对 GNSS 基线向量的影响

基线向量是衡量 GNSS 测量结果的好坏关键要素之一，本小节选择 GNSS 基线向量结果，评价雾霾天气对 GNSS 测量的影响。

提取 GAMIT 解算的结果文件中的测站间的基线向量，以 BJFS-CEHY 的基线为例，选择 X、Y、Z 三个方向的基线向量及基线向量误差来研究雾霾天气对 GNSS 测量的影响。

图 3-5～图 3-10 为 2011 年第 291 日至 297 日 BJFS-CEHY 的基线向量分量以及各方向误差（295 日为雾霾发生日）。

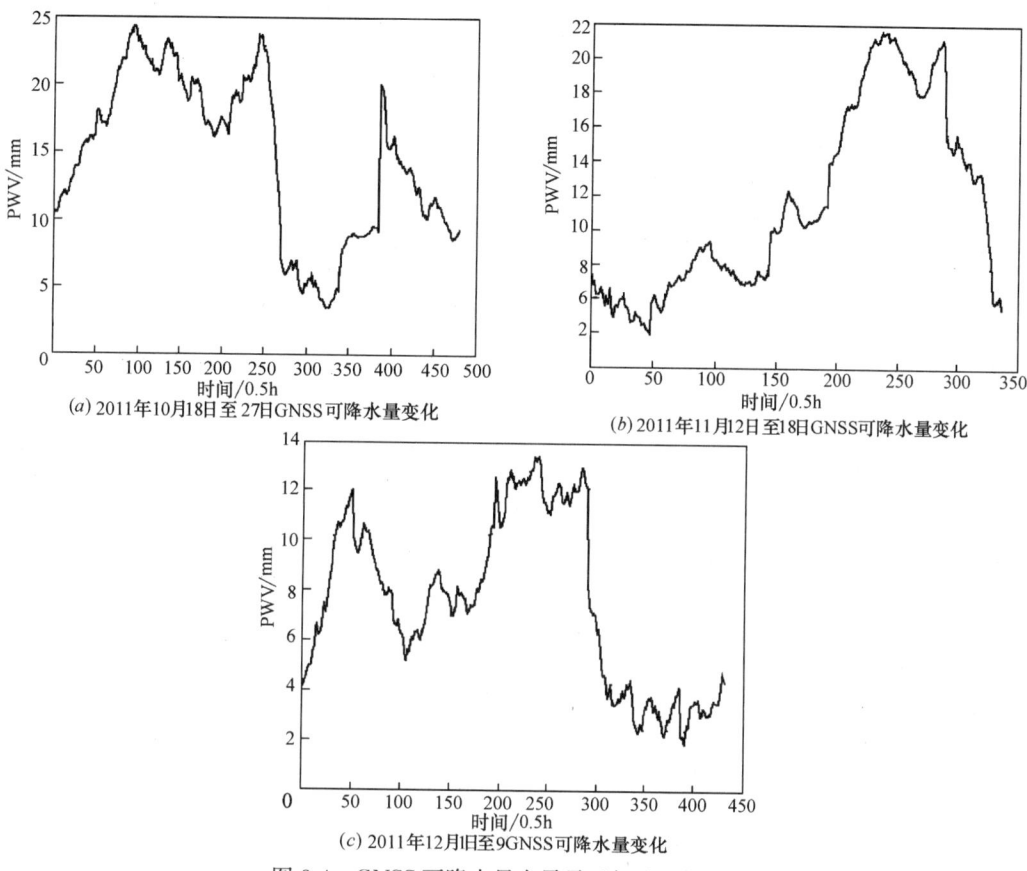

(a) 2011年10月18日至27日GNSS可降水量变化

(b) 2011年11月12日至18日GNSS可降水量变化

(c) 2011年12月旧至9GNSS可降水量变化

图 3-4 GNSS 可降水量在雾霾天气过程的变化

（注：图 3-4（a）为 2011 年 10 月 18 日至 27 日 GNSS 可降水量变化序列，雾霾日对应横轴数据为 193~240；

（b）为 2011 年 11 月 12 日至 18 日 GNSS 可降水量变化序列，其中雾霾发生日为 11 月 16 日，

对应横轴数据为 193~240；（c）为 2011 年 12 月 1 日至 9 日 GNSS 可降水量变化序列，

其中雾霾发生日为 12 月 5 日和 6 日，对应横轴数据为 193~288。）

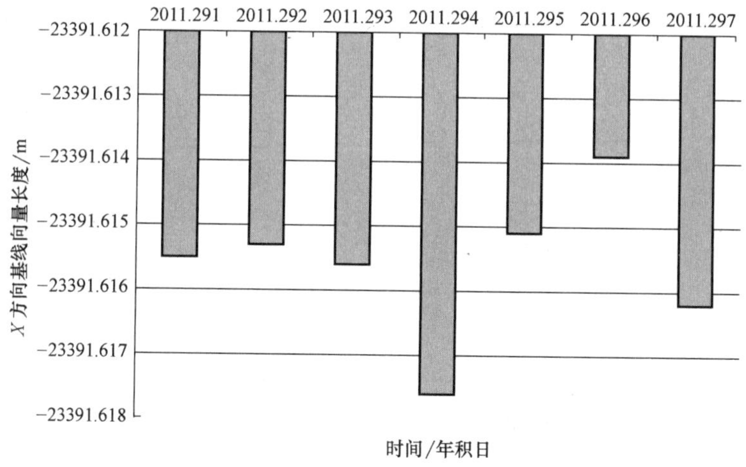

图 3-5 BJFS-CEHY 的基线向量 X 方向分量序列变化

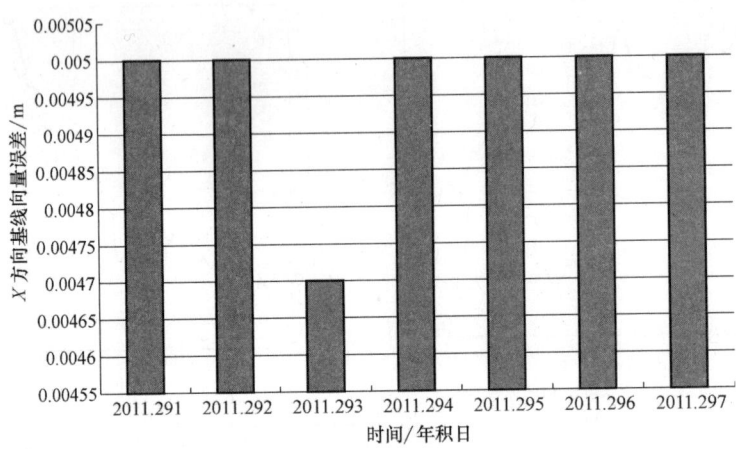

图 3-6　BJFS-CEHY 的基线向量 X 方向分量误差

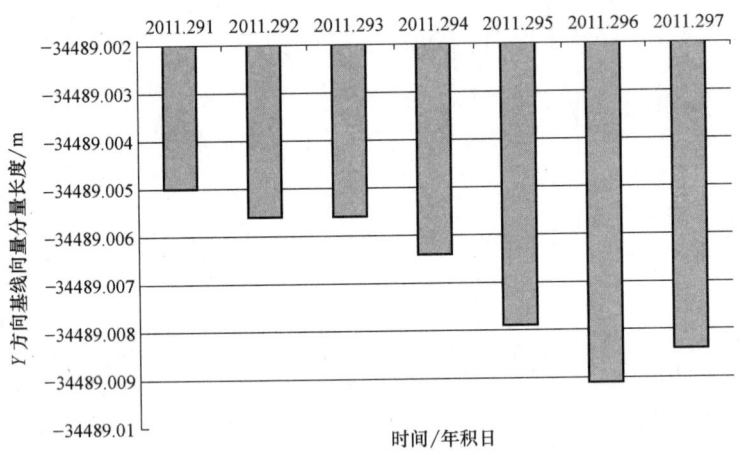

图 3-7　BJFS-CEHY 的基线向量 Y 方向分量序列变化

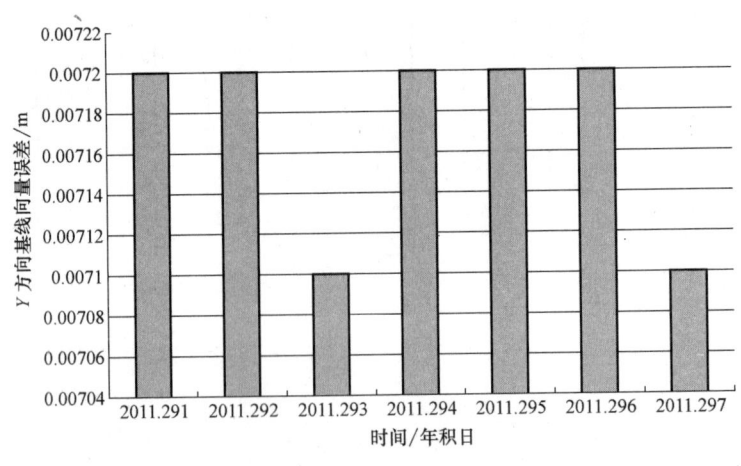

图 3-8　BJFS-CEHY 的基线向量 Y 方向分量误差

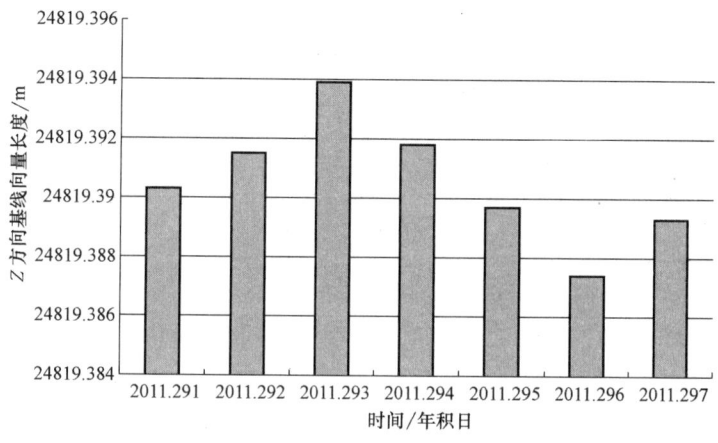

图 3-9 BJFS-CEHY 的基线向量 Z 方向分量序列变化

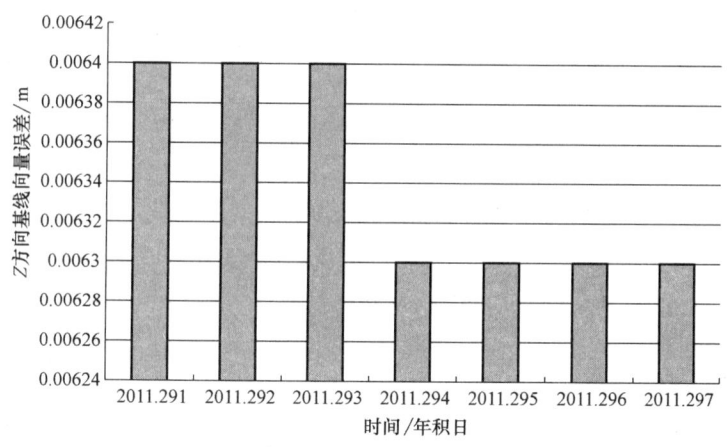

图 3-10 BJFS-CEHY 的基线向量 Z 方向分量误差

由图 3-5～图 3-10 可以看出，BJFS-CEHY 的基线向量及其误差在雾霾发生前后没有大的变化。在 291 日至 297 日的基线向量比较，其中 X 方向最大偏差不超过 4mm；Y 方向最大偏差不超过 5mm；Z 方向最大偏差不超过 7mm；X 方向基线误差不超过 5mm；X 方向基线误差不超过 7mm；X 方向基线误差不超过 6mm。

针对北京市 2011 年发生的三次雾霾天气过程，利用北京市 GNSS 资料和 IGS 数据，研究了雾霾天气过程天顶对流层延迟、可降水量和基线向量的对应变化。研究表明：雾霾发生日天顶对流层延迟和可降水量上升；雾霾过程持续多日，天顶对流层延迟和可降水量序列峰值徘徊；雾霾过程结束日天顶对流层延迟和可降水量下降。雾霾天气对于 GNSS 测量的基线向量影响较小。

3.2 水汽和风速对 PM2.5/PM10 变化的影响

雾霾是空气污染和气象因素共同作用的结果，雾霾天气发生时，大气能见度下降，大气中的颗粒物（PM2.5/PM10）是导致能见度降低的主要因素，城市大气 PM2.5/PM10 污染影响空气质量，威胁人群健康，是具有区域性特征、危害严重的大气污染物。我国区域灰霾污染日益严重，区域大气能见度逐年下降，细颗粒物浓度超标。风是影响 PM2.5/PM10 横向水平移动的关键要素，水汽（可降水量）是影响 PM2.5/PM10 垂直运动的因素。我们针对雾霾天气过程研究了 GNSS 可降水量和天顶对流层延迟的变化，发现 GNSS 可降水量在雾霾过程前后有较大的变动[48]。水汽和风速的变化如何影响空气中的微颗粒物（PM2.5/PM10）的浓度变化？本节拟利用 2013 年的北京市 PM2.5/PM10 观测资料，结合 GNSS 水汽资料、无线电探空风速资料，进行北京地表 PM2.5/PM10 变化与水汽、风速变化的比较研究，分析水汽和风速的变化如何影响对 PM2.5/PM10 的浓度变化的影响。

3.2.1　实验数据

研究数据主要包含 3 类数据：GNSS 水汽、无线电探空风速、PM2.5/PM10 浓度观测数据。

（1）GNSS 水汽

利用 GNSS 观测资料可以反演出高时间分辨率的对流层延迟序列，结合气象观测资料（气压、温度），可以获得时值 GNSS 水汽序列。国际 GNSS 服务（IGS，International GNSS Service）提供国际 GNSS 站点的天顶对流层延迟解算资料和气象观测数据，通过下载 BJNM 站点天顶对流层延迟和气象资料，按照第 2 章提供的 GNSS 水汽反演方法可计算获得时值 GNSS 水汽序列。GNSS 水汽与无线电探空/水汽辐射计水汽具有接近（1～2mm）的精度，IGS 提供的 GNSS 天顶对流层延迟产品精度可靠，因而作者解算的 GPS 水汽数值可靠。GNSS 水汽的单位为 mm。

（2）无线电探空风速

无线电探空是气象领域探测水汽的一种常用手段，利用该方法可探测各层气压、高度、温度、风速和风向等要素，本文选择无线电探空观测的地表风速进行 PM2.5/PM10 变化分析。无线电探空在每天的 08：00 和 20：00（北京时间）进行观测。无线电探空风速的单位为 m/s。

（3）PM2.5/PM10 浓度

PM2.5，即细颗粒物，是指环境空气中空气动力学当量直径小于等于 $2.5\mu m$ 的颗粒物。PM10 是指环境空气中空气动力学当量直径小于等于 $10\mu m$ 的颗粒物，是可在大气中长期飘浮的悬浮微粒，也称可吸入微粒、可吸入尘或飘尘。PM2.5/PM10 其能较长时间悬浮于空气中，其在空气中含量浓度越高，代表空气污染越严重。PM2.5/PM10 对空气质量和能见度等有重要的影响。选择北京昌平站点的 PM2.5/PM10 浓度观测资料，该资料为时值观测数据，单位为 $\mu m/m^3$。

3.2.2　水汽、风速变化对 PM2.5/PM10 浓度变化的影响

（1）GNSS 水汽变化与 PM2.5/PM10 变化的比较

冬春季节是北京霾天气的高发时节，选择 2013 年春季（年积日第 061～072 日）和冬

季（第 321～333 日）各一时段数据进行水汽/风速变化对 PM2.5/PM10 浓度变化的影响研究。图 3-11 和图 3-12 为 GNSS 水汽变化对 PM2.5/PM10 浓度变化的影响。

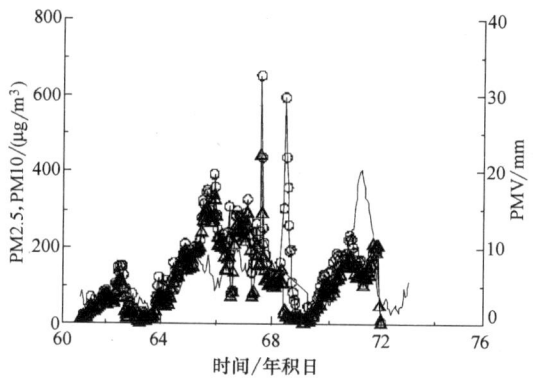

图 3-11　GNSS PWV 与 PM2.5/
PM10 的比较（061-072）

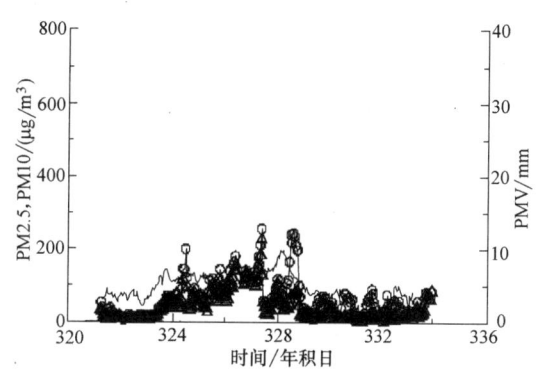

图 3-12　GNSS PWV 与 PM2.5/
PM10 的比较（321-333）

（注：图中三角形曲线为 PM2.5 浓度序列，
圆形曲线为 PM10 浓度序列，实线为
GNSS PWV 序列，横轴为时间/年积日。）

由图 3-11 和图 3-12 可见，GNSS 水汽变化与 PM2.5/PM10 浓度变化趋势较为一致，两者具有较好的正相关特性。表 3-1 统计了 GNSS 水汽与 PM2.5/PM10 的相关性。

（2）风速变化与 PM2.5/PM10 变化的比较

图 3-13 和图 3-14 为风速变化对 PM2.5/PM10 浓度变化的影响。由图 3-13 和图 3-14 可见，风速变化与 PM2.5/PM10 浓度变化趋势相反，两者呈负相关特性。表 3-1 统计了风速与 PM2.5/PM10 浓度的相关性。

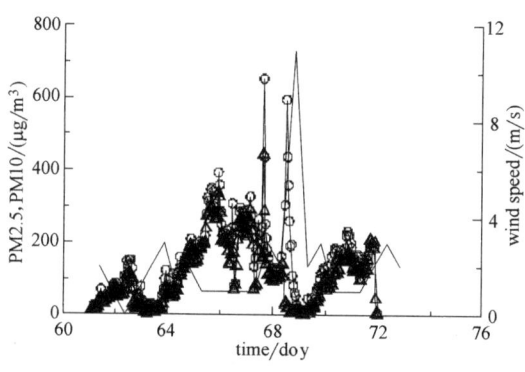

图 3-13　风速与 PM2.5/PM10
的比较（061-072）

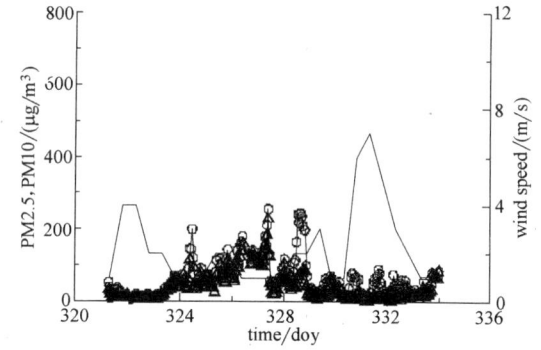

图 3-14　风速与 PM2.5/PM10
的比较（321-333）

（注：图中三角形曲线为 PM2.5 浓度序列，圆形曲线为
PM10 浓度序列，实线为风速序列，横轴为时间/年积日。）

GNSS PWV、风速与 PM2.5/PM10 的相关性　　　　　表 3-1

时间	PM2.5&PWV	PM10&PWV	PM2.5&wind speed	PM10&wind speed
061-072	0.4835	0.5073	−0.3104	−0.0952
321-333	0.5117	0.4358	−0.4148	−0.3271

由图 3-13 和图 3-14 可以看出，在年积日第 068 日 20 时无线电探空观测风速达到 11m/s，此时 PM2.5/PM10 浓度处于低值，仅有 $10\mu g/m^3$，而 GNSS 水汽在年积日第 069 日 16 时处于期间的最低值，由图 3-13、图 3-14 和表 3-1 推断，风速和水汽是影响 PM2.5/PM10 浓度变化的关键因素，风速变化与 PM2.5/PM10 浓度变化呈负相关，而水汽变化与 PM2.5/PM10 浓度变化呈显著正相关。

3.2.3　风速较小时 GNSS 水汽变化与 PM2.5/PM10 变化的比较

由图 3-14 可见，在年积日第 061～066 日风速较小，因而选择该时间段进行风速较小情况下水汽对 PM2.5/PM10 浓度变化的影响研究（图 3-15）。

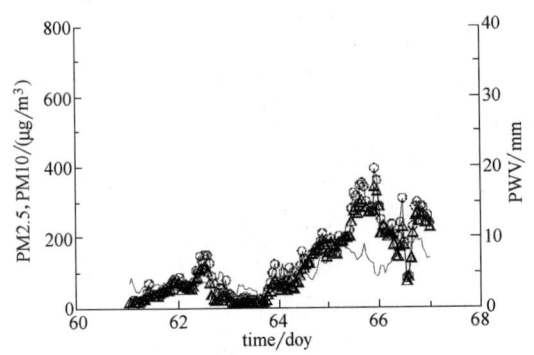

图 3-15　GNSS PWV 与 PM2.5/PM10 的比较（年积日第 061～066 日）

（注：图中三角形曲线为 PM2.5 浓度序列，圆形曲线为 PM10 浓度序列，实线为 GNSS PWV 序列，横轴为时间/年积日。）

统计图 3-15 的 GNSS 水汽与 PM2.5/PM10 浓度的相关性，GNSS 水汽与 PM2.5/PM10 浓度的相关系数分别为 0.6766 和 0.7040。在风速较小情况下，水汽是影响 PM2.5/PM10 浓度变化的一个关键要素，两者呈显著正相关。水汽的上升对应了 PM2.5/PM10 浓度的上升。

本节利用北京市 GNSS 水汽、无线电探空观测的地表风速与 PM2.5/PM10 浓度观测资料，进行了水汽和风速变化对 PM2.5/PM10 浓度变化的影响研究，研究发现：（1）风速变化与 PM2.5/PM10 浓度变化呈负相关；（2）GNSS 水汽变化与 PM2.5/PM10 浓度变化呈显著正相关，在风速较小情况下，水汽与 PM2.5/PM10 浓度变化的相关性更为显著。

3.3　GNSS、无线电探空的水汽变化与 PM2.5/PM10 浓度变化

目前的大气颗粒污染监测主要依赖于 PM2.5、PM10，我国 PM2.5 浓度值远高于欧美等发达国家，且化学成分复杂，部分仪器在国内使用时，常出现滤膜的颗粒物负荷超载和颗粒物穿透滤膜等不适应性现象，PM2.5 自动监测仪器国产化发展缓慢；卫星遥感监测颗粒污染，由于 MODIS 产品需要利用相对湿度和气溶胶标高等气象条件进行校正，时间分辨率不高，使得该方法仅作为大气颗粒污染监测的一种补充。我国城市大气微颗粒污染严重，国家对于大气微颗粒污染的监测与防治非常重视，因而有必要探寻一种新的大气微颗粒污染监测手段。

水汽（可降水量）是影响天气变化的关键要素，也是影响雾霾天气的关键因子。作者针对雾霾天气过程研究了 GNSS 可降水量和天顶对流层延迟的变化，发现 GNSS 可降水量在雾霾过程前后有较大的变动。水汽的变化是否影响空气中的微颗粒物（PM2.5/PM10）的浓度变化？本节拟利用 2013 年的北京市天坛站的 PM2.5/PM10 浓度观测资料，结合 GNSS 水汽资料、无线电探空水汽资料，进行北京地表 PM2.5/PM10 变化与大气水汽变化的相关性研

究，并对相关性结果进行分析，论证利用水汽资料监测大气微颗粒污染的可行性。

3.3.1 实验数据

本文研究数据主要包含 3 类数据：GNSS 水汽、无线电探空水汽（总水汽和分层水汽）、PM2.5/PM10 浓度观测数据。

（1）GNSS 水汽

利用 GNSS 观测资料可以反演出高时间分辨率的天顶对流层延迟序列，结合气象观测资料（气压、温度），可以获得时值 GNSS 水汽序列。国际 GNSS 服务（IGS，International GNSS Service）提供国际 GNSS 站点的天顶对流层延迟解算资料和气象观测数据，通过下载 2013 年 BJNM 站点天顶对流层延迟和气象资料，计算获得时值 GNSS 水汽序列。由于 IGS 提供的 GNSS 天顶对流层延迟数据和气象数据不完整，导致解算的 GNSS 水汽序列不连续，有个别天数数据缺失。GNSS 水汽的单位为 mm。

（2）无线电探空水汽

无线电探空是气象领域探测水汽的一种常用手段，利用该方法可探测各层气压、高度、温度、风速和风向等要素，利用各分界层的气压和温度观测数据可以反演出各层的水汽含量和总水汽含量。无线电探空在每天的 8：00 和 20：00（北京时间）进行观测。通过收集北京市 2013 年无线电探空观测资料，按照李国平提供的无线电探空水汽计算方法[27]，获得了无线电探空总水汽和分层水汽含量。无线电探空水汽的单位为 mm。

（3）PM2.5/PM10 浓度

北京有多个 PM2.5/PM10 浓度观测站点，本研究选择与 BJNM 站点最为接近的天坛站点的 PM2.5/PM10 浓度观测资料，该资料为时值观测数据。2013 年的北京 PM2.5/PM10 浓度观测资料缺失 9 月和 10 月上旬数据，其他时间也有个别天数不连续。PM2.5/PM10 浓度观测数据的单位为 $\mu g/m^3$。

BJNM 站点位于北京南郊（大兴），天坛站是距离 BJNM 最近的 PM2.5/PM10 观测站点，两者均为时值观测数据，下文的相关性分析均是时值数据比较；北京的无线电探空观测站点少，且每天观测两个时次，无线电探空水汽主要用于分析分层水汽与 PM2.5/PM10 观测的相关性，两者相关性以对应的每日 8 时和 20 时进行计算。

3.3.2 GNSS PWV 变化与 PM2.5/PM10 变化的比较

由于北京处在大陆干冷气团向东南移动的通道上，每年从 10 月到翌年 5 月几乎完全受来自西伯利亚的干冷气团控制，只有 6～9 月前后三个多月受到海洋暖湿气团的影响。降水主要集中在夏季，7、8 月尤为集中。本研究分为三个部分：（1）夏季 GNSS PWV 与 PM2.5/PM10 的比较；（2）秋冬春季节 GNSS PWV 与 PM2.5/PM10 的比较；（3）秋冬春季节无线电探空水汽（总水汽、分层水汽）与 PM2.5/PM10 的比较。

（1）夏季 GNSS PWV 与 PM2.5/PM10 的比较

6～8 月为北京的夏季，该季节降水较多，降水对大气中的雾、霾能起到清除和冲刷作用。本文研究夏季水汽与 PM2.5/PM10 的相关性，将选择无降水过程时段进行比较。天气网提供北京历史天气查询（http：//lishi. tianqi. com/beijing/index. html），2013 年

6～8 月北京发生的降水日数分别为 15 日、16 日和 11 日，选择 6-8 月持续时间 3 日或以上的时间段进行 PM2.5/PM10 变化和 GNSS PWV 变化的比较（图 3-16），并统计了这 5 个时间段的 GNSS PWV 与 PM2.5/PM10 的相关性（表 3-2）。

夏季 GNSS PWV 与 PM2.5/PM10 浓度的相关性　　　　　表 3-2·

时间	PM2.5&GPS PWV	PM10&GPS PWV	时间	PM2.5&GPS PWV	PM10&GPS PWV
161-165	0.228	0.298	229-231	−0.054	−0.325
168-173	0.057	−0.043	233-237	0.612	0.339
224-226	0.392	0.275			

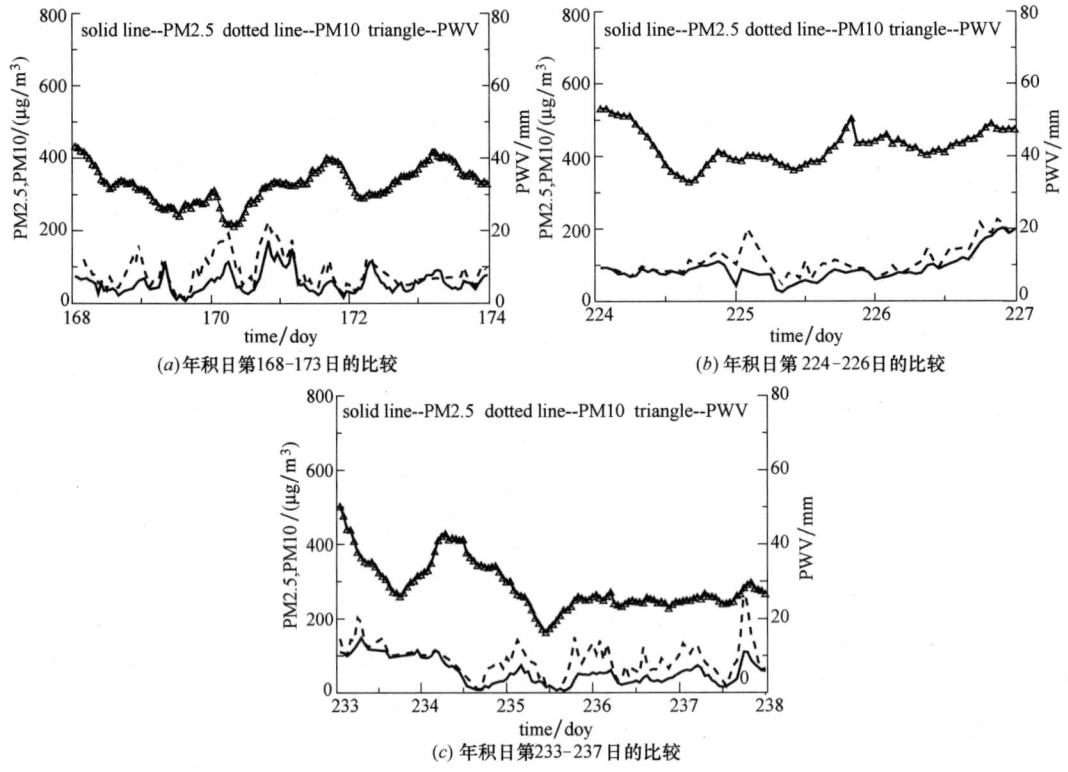

(a) 年积日第 168-173 日的比较

(b) 年积日第 224-226 日的比较

(c) 年积日第 233-237 日的比较

图 3-16　夏季 GNSS PWV 与 PM2.5/PM10 浓度变化的比较

由图 3-16 的 GNSS PWV 与 PM2.5/PM10 浓度变化比较，结合表 3-2 的相关性统计结果，可以得出：GNSS PWV 变化与 PM2.5/PM10 浓度变化在夏季相关性忽高忽低，没有明显的规律性。相对其他季节而言，夏季雾霾天气过程发生的频率低一些，这是因为夏季经常有强对流天气的发生，而强对流天气创造大气污染物扩散的有利条件，一般不易形成大范围的雾霾天气。降水对大气中的雾、霾能起到清除和冲刷作用。降水过程有助于 PM2.5/PM10 浓度的下降。

（2）秋冬春季节 GNSS PWV 与 PM2.5/PM10 的比较

图 3-17（a−l）为秋冬春季节北京 GNSS PWV 与 PM2.5/PM10 的比较，表 3-3 对 9 个时间段的 GNSS PWV 与 PM2.5/PM10 的相关性进行了统计分析。

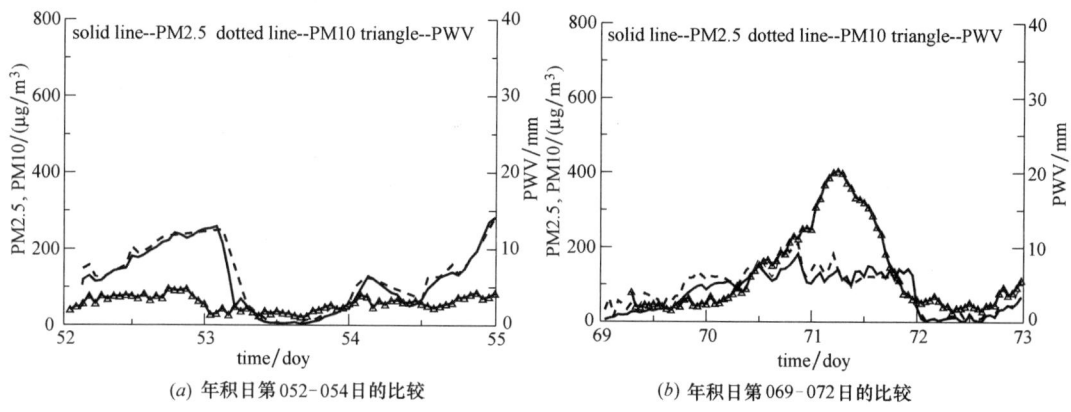

(a) 年积日第 052–054 日的比较   (b) 年积日第 069–072 日的比较

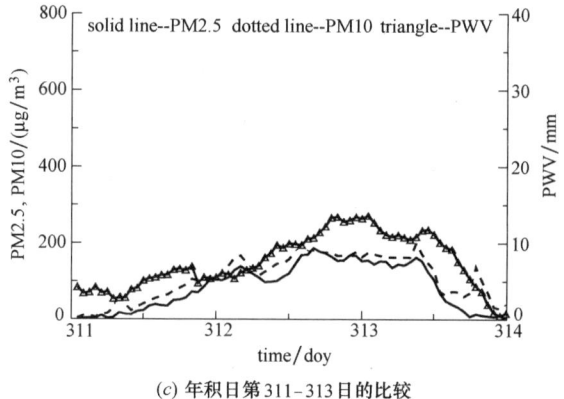

(c) 年积日第 311–313 日的比较

图 3-17 秋冬春季节 GNSS PWV 与 PM2.5/PM10 浓度变化的比较

秋冬春季节 GNSS PWV 与 PM2.5/PM10 的相关性   表 3-3

季节	年积日	PM2.5&GNSS PWV	PM10&GNSS PWV
春节	058-063	0.739	0.417
	069-072	0.663	0.619
	122-125	0.501	0.536
秋季	295-297	0.512	—
	300-305	0.739	0.794
	307-310	0.646	0.639
	311-313	0.890	0.796
	326-331	0.601	0.604
	339-343	0.711	0.799
冬季	022-026	0.663	0.560
	046-048	0.642	0.614
	052-054	0.639	0.811

由图 3-17 和表 3-3 可看出，在秋冬春季节，GNSS PWV 变化与 PM2.5/PM10 变化的相关系数大于 0.5。水汽的上升对应了 PM2.5/PM10 浓度的上升，原因分析如下：

（1）水汽的增加能促进二氧化硫、氮氧化物被氧化成 SOA（SOA 是指直接排放的污染物与大气中物质反应后生成的二次污染的颗粒），从而提高 PM2.5/PM10 浓度；

（2）当水汽上升时，臭氧与有机物发生化学反应生成大量的微颗粒，而该微颗粒属于 PM2.5/PM10。因此，在水汽上升时，臭氧浓度下降，PM2.5/PM10 浓度上升；

（3）北京 PM2.5/PM10 污染源的组成中，煤燃烧所占比重最大，尤其是到了冬季，燃煤供暖，煤燃烧占的比重会更大。燃煤 PM2.5/PM10 微粒大多为难溶于水且吸湿性较差的球形硅铝质矿物颗粒，润湿性较差。因而 PM2.5/PM10 颗粒不因水汽的增加而减少。

3.3.3　秋冬春季节无线电探空水汽变化与 PM2.5/PM10 变化的比较

由前面的研究可知，在秋冬春季节 GNSS PWV 与 PM2.5/PM10 的变化的相关系数大于 0.5，而 GNSS PWV 为整层水汽含量。各分层水汽与 PM2.5/PM10 的变化是否也有如此规律？本小节将开展无线电探空分层水汽变化与 PM2.5/PM10 变化的比较研究。

无线电探空仪主要探测各层气压、高度、温度、风速和风向等要素，利用各分界层的气压和温度观测数据可以反演出各层的水汽值和总水汽值。各分界层以气压为标准进行划分（高度为平均值），划分如下：

第一层 PWV（1）：地面～1000hPa（约 0～250m）

第二层 PWV（2）：1000hPa～925hPa（约 250～850m）

第三层 PWV（3）：925hPa～850hPa（约 850～1500m）

第四层 PWV（4）：850hPa～700hPa（约 1500～3000m）

第五层 PWV（5）：700hPa～500hPa（约 3000～5500m）

第六层 PWV（6）：500hPa～400hPa（约 5500～7000m）

第七层 PWV（7）：400hPa～300hPa（约 7000～9000m）

第八层 PWV（8）：300hPa～250hPa（约 9000～10200m）

第九层 PWV（9）：250hPa～200hPa（约 10200～11500m）

第十层 PWV（10）：200hPa～150hPa（约 11500～13500m）

第十一层 PWV（11）：150hPa～100hPa（约 13500～16000m）

本文进行了北京市 2013 年的无线电探空整层水汽和分层水汽的计算，获得了全年的无线电探空水汽序列。按照季节绘制无线电探空分层水汽的垂直廓线图（图 3-18），并计算各季节分层水汽占总水汽的比重（表 3-4）。

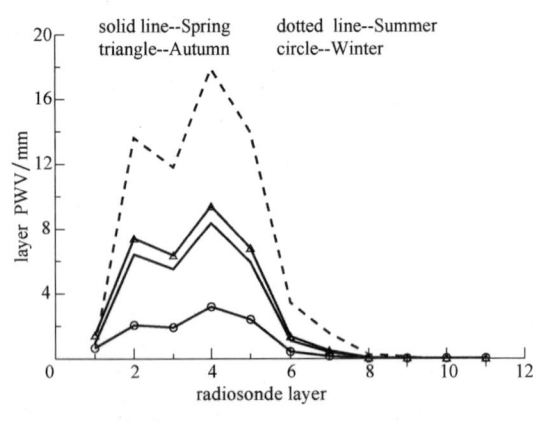

图 3-18　不同季节水汽的垂直廓线

不同季节水汽的垂直廓线				表 3-4
无线电探空分层	春季	夏季	秋季	冬季
1	0.033	0.011	0.043	0.060
2	0.222	0.215	0.221	0.187
3	0.192	0.185	0.191	0.174
4	0.290	0.281	0.281	0.290
5	0.205	0.220	0.203	0.220
6	0.039	0.054	0.041	0.040
7	0.014	0.025	0.015	0.015
8	0.002	0.005	0.002	0.003
9	0.001	0.002	0.001	0.003
10	0.001	0.001	0.001	0.004
11	0.001	0.001	0.001	0.004

　　由图 3-18 和表 3-4 可知，无线电探空第 2～5 层的水汽占整层水汽的比重最大，由于篇幅的限制，图 3-19～图 3-23 仅绘制了无线电探空整层水汽、第 3 层水汽和第 4 层水汽与 PM2.5/PM10 浓度的比较结果。表 3-5 对 5 个时间段的无线电探空水汽（整层水汽、分层水汽）与 PM2.5/PM10 浓度的相关性进行了统计分析。

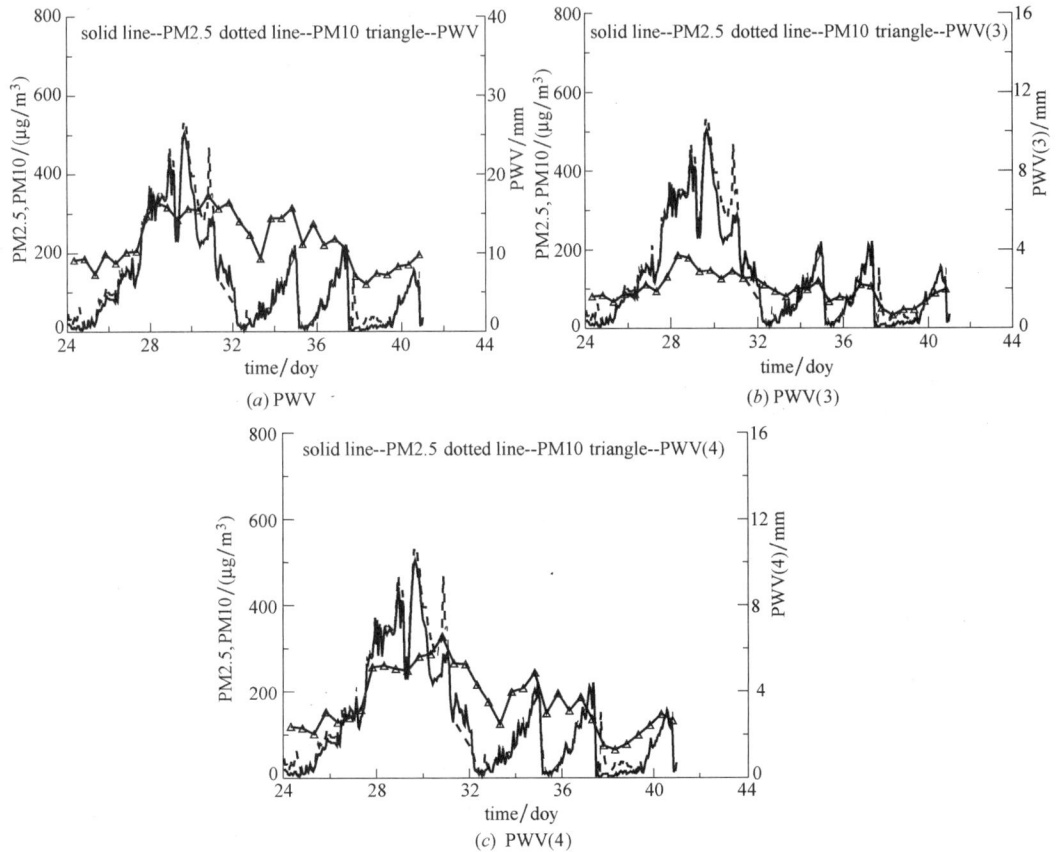

图 3-19　无线电探空整层/分层水汽与 PM2.5/PM10 的比较（年积日 024～040 日）

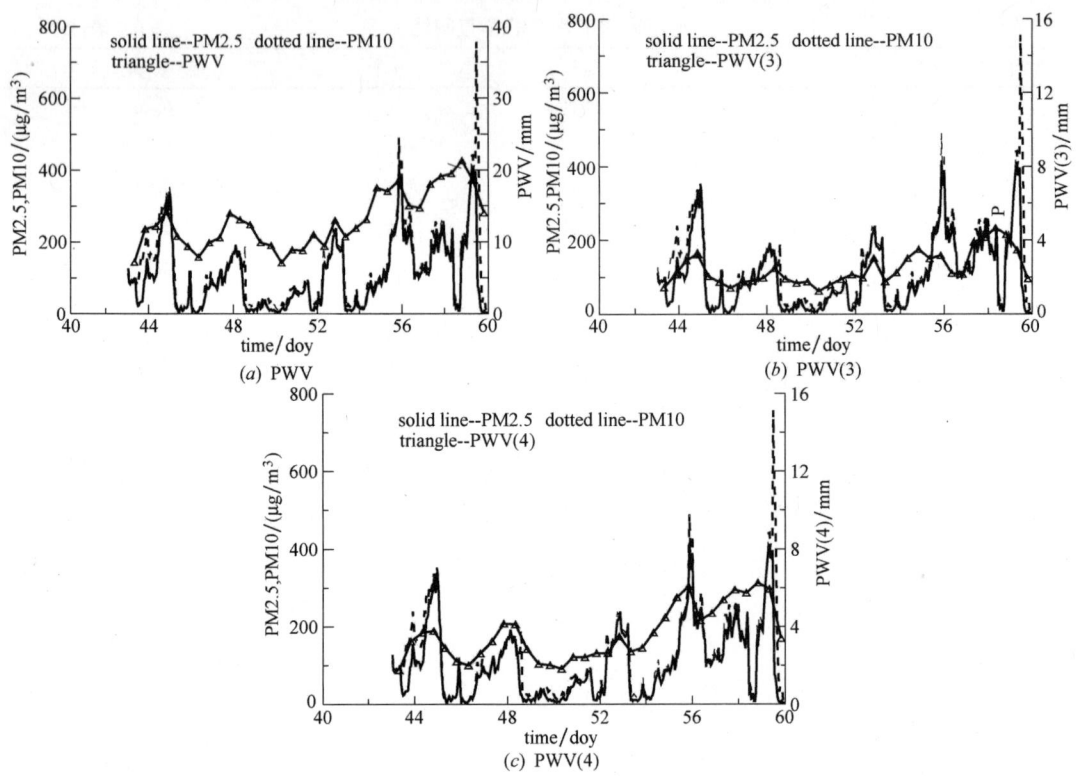

图 3-20　无线电探空整层/分层水汽与 PM2.5/PM10 的比较（年积日 043～059 日）

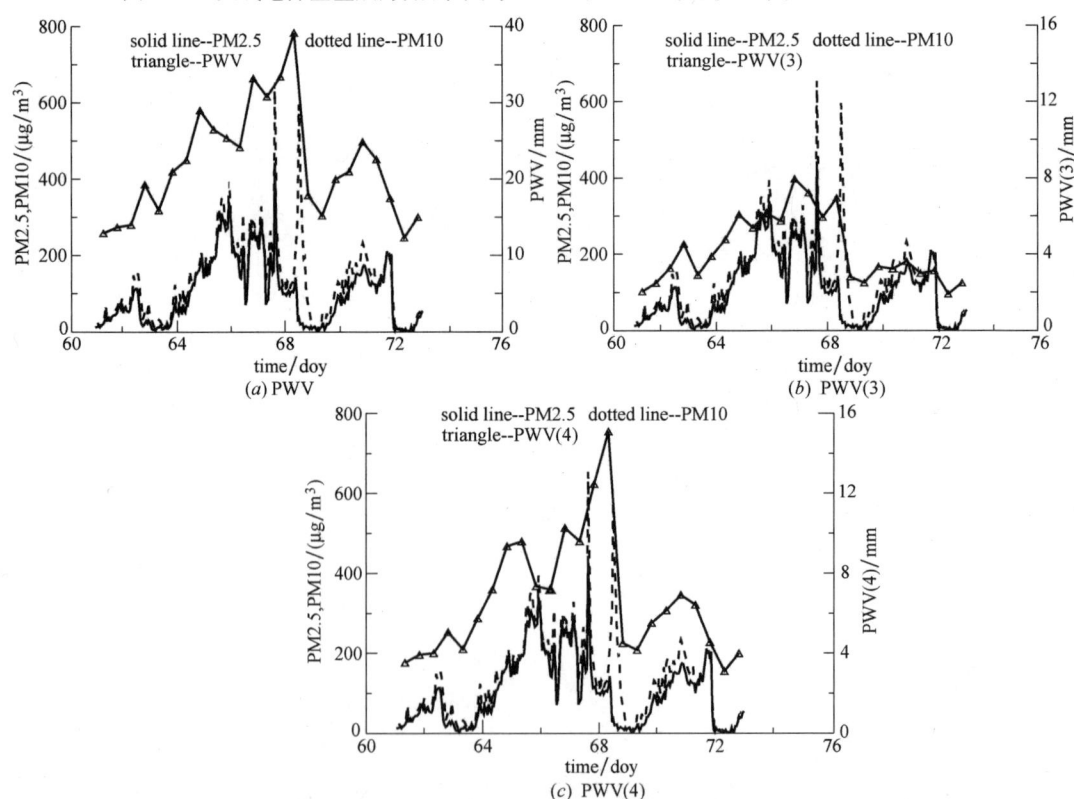

图 3-21　无线电探空整层/分层水汽与 PM2.5/PM10 的比较（年积日 061～072 日）

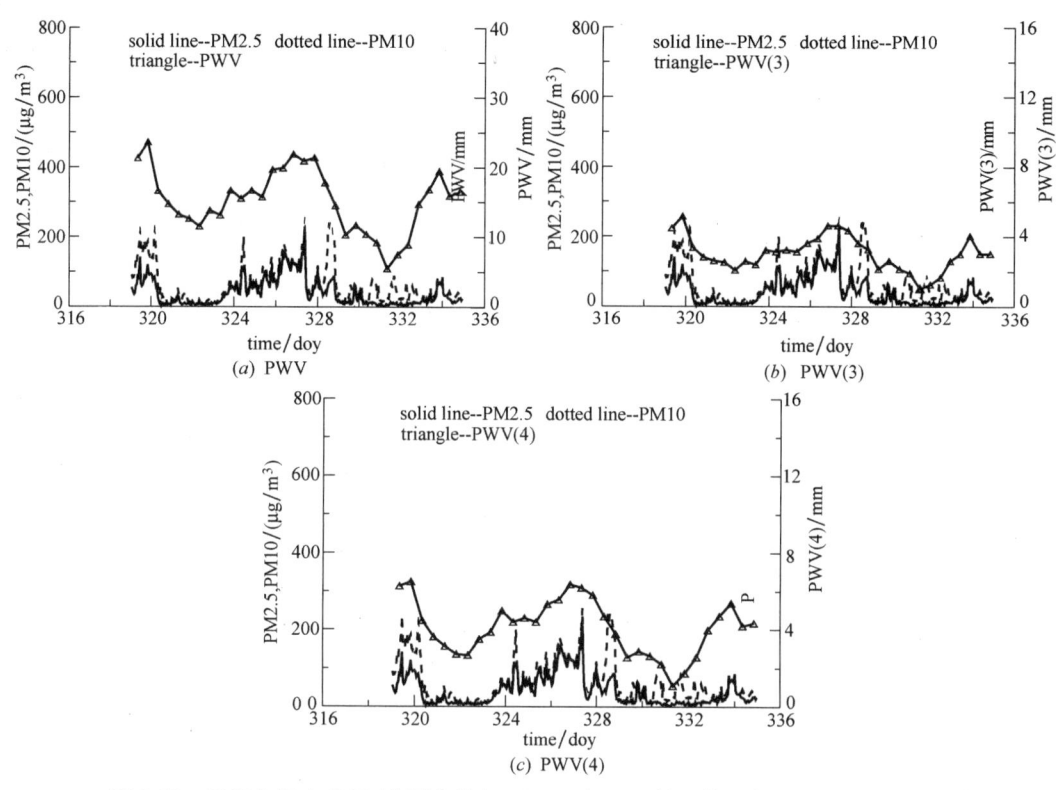

图 3-22　无线电探空整层/分层水汽与 PM2.5/PM10 的比较（年积日 319～334 日）

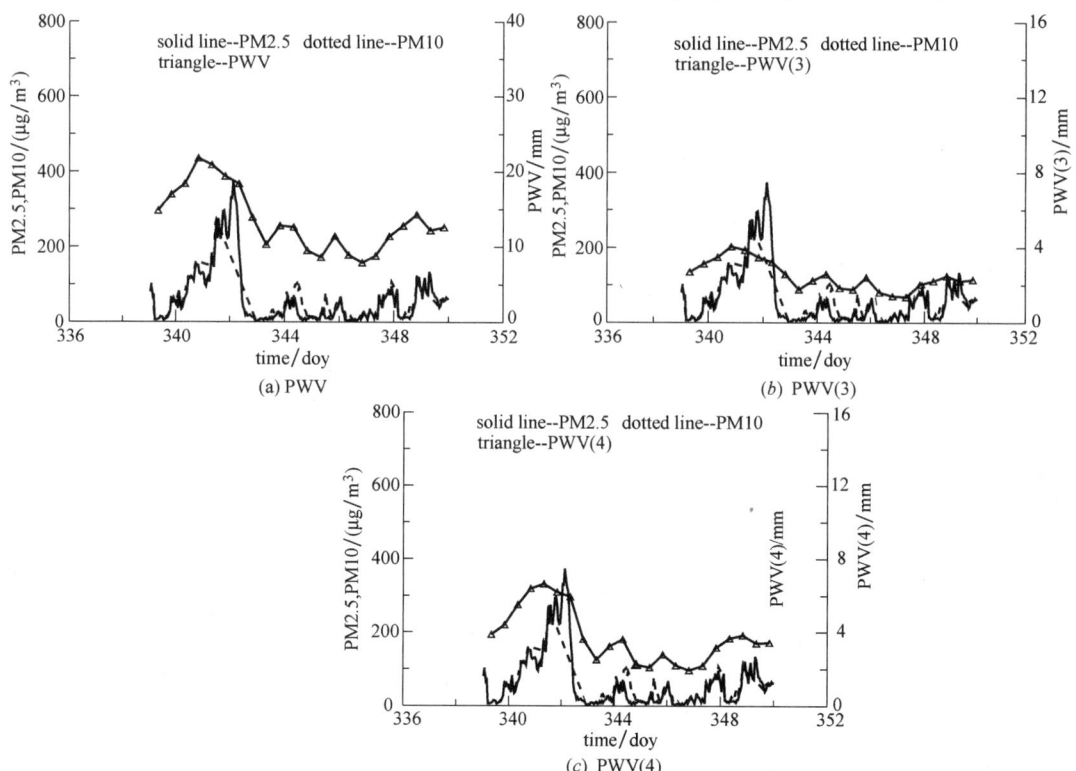

图 3-23　无线电探空整层/分层水汽与 PM2.5/PM10 的比较（年积日 339～349 日）

无线电探空整层/分层水汽与 PM2.5/PM10 的相关性统计 表 3-5

探空水汽	024~040		043~059		061~072		319~334		339~349	
	PM2.5	PM10	PM2.5	PM10	PM2.5	PM10	PM2.5	PM10	PM2.5	PM10
PWV	0.703	0.752	0.627	0.613	0.602	0.700	0.551	0.539	0.592	0.720
PWV(1)	−0.199	−0.156	−0.285	−0.238	−0.529	−0.583	0.408	0.125	0.034	0.264
PWV(2)	0.534	0.468	0.414	0.402	0.639	0.693	0.358	0.356	0.356	0.462
PWV(3)	0.868	0.844	0.604	0.600	0.649	0.724	0.486	0.516	0.570	0.608
PWV(4)	0.774	0.830	0.700	0.684	0.534	0.615	0.583	0.585	0.577	0.722
PWV(5)	0.406	0.515	0.565	0.550	0.359	0.466	0.609	0.585	0.671	0.802
PWV(6)	0.031	0.031	0.302	0.260	0.287	0.395	0.585	0.562	0.622	0.673
PWV(7)	−0.218	−0.234	0.007	−0.035	0.266	0.359	0.685	0.652	0.397	0.488
PWV(8)	−0.340	−0.302	−0.403	−0.430	0.153	0.165	−0.079	−0.144	−0.226	−0.144
PWV(9)	0.176	0.258	−0.332	−0.318	−0.272	−0.399	−0.427	−0.356	−0.468	−0.451
PWV(10)	0.242	0.291	−0.333	−0.323	−0.335	−0.466	−0.600	−0.447	−0.453	−0.351
PWV(11)	−0.055	−0.080	−0.227	−0.206	−0.435	−0.525	−0.667	−0.526	−0.368	−0.277

由图 3-19～图 3-23 和表 3-5 看出，在秋冬春季节，无线电探空整层水汽变化与 PM2.5/PM10 浓度变化的相关性大于 0.5。分层水汽与 PM2.5/PM10 比较中，第 3、4 层水汽变化与 PM2.5/PM10 变化最为吻合，此两层水汽的上升或者下降，对应了 PM2.5/PM10 观测值的上升或者下降。

本节利用 GPS PWV、无线电探空水汽与 PM2.5/PM10 观测资料，进行了北京地表 PM2.5/PM10 变化与大气水汽变化的相关性研究，结论如下：

（1）夏季 GPS PWV 变化与 PM2.5/PM10 变化没有明显的相关性规律；

（2）在秋冬春季节，GPS PWV 变化与 PM2.5/PM10 变化的相关系数大于 0.5；

（3）秋冬春季节无线电探空整层（分层）水汽与 PM2.5/PM10 变化的比较中，整层水汽变化与 PM2.5/PM10 变化的相关系数大于 0.5，第 3，4 层水汽变化与 PM2.5/PM10 变化的相关性最佳；

（4）研究结果表明，在秋冬春季节水汽变化与 PM2.5/PM10 变化的相关性超过 0.5，因而可以将水汽资料用于雾霾高发季节的大气微颗粒污染浓度变化的监测。水汽资料的应用可以提供一种新的大气微颗粒污染监测手段。

3.4 APEC 会议期间 GNSS 水汽与 PM2.5/PM10 的相关性比较

水汽是形成雾霾天气过程的重要外因，PM2.5（particulate matter 2.5）、PM10（particulate matter 10）是形成雾霾天气过程的重要微颗粒物，针对多次雾霾天气过程，作者利用 GNSS 水汽（PWV，precipitable water vapor）序列验证了水汽与 PM2.5/PM10 浓度存在明显正相关特性，为利用 GPS 水汽进行雾霾监测提供可行性基础，该结果可为雾霾灾害治理防治提供参考。当大气空气质量优良、大气污染较小时，水汽的变化与

PM2.5/PM10 浓度变化是否依然存在较好的正相关性？

　　2014 年亚太经合组织（APEC）领导人会议于 2014 年 11 月 5 日至 11 日在北京举行。11 月 1 日至 12 日，北京 AQI（空气质量指数）均为优良级别，仅 11 月 4 日为轻度污染。为保障会议期间的空气质量，从 11 月 1 日到 12 日，北京、天津、河北、山东等省市，实行紧急污染控制措施，4154 家工地被停产或者限产；机动车单双号上路，近千万车辆限行。连续几日的 3 至 4 级风也加速了空气中污染物的扩散。来自北京市环境监测中心的数据显示，从 11 月 1 日至 12 日，北京市空气中 PM2.5、PM10、SO_2、NO_2 浓度分别为每立方米 43 微克、62 微克、8 微克和 46 微克，比去年同期分别下降了 55%、44%、57% 和 31%；各项污染物浓度均达到近 5 年同期最低水平。本节将选择北京 APEC 会议期间的 GNSS 水汽资料与 PM2.5/PM10 浓度观测数据开展两者的相关性研究。

3.4.1　实验数据

　　本文研究数据主要包含 2 类数据：GNSS 水汽、PM2.5/PM10 浓度观测数据。

　　（1）GNSS 水汽

　　通过从 IGS 网站下载 BJFS（北京房山）、BJNM（北京大兴）站点天顶对流层延迟和气象资料，计算获得两站点的时值 GNSS 水汽序列。BJFS 站点天顶对流层延迟和气象资料在 APEC 期间数据不完整，BJNM 站点天顶对流层延迟和气象资料较为完整。GNSS 水汽的单位为 mm。

　　（2）PM2.5/PM10 浓度

　　北京有十余个 PM2.5/PM10 观测站点，对于 BJFS、BJNM 两 GPS 站点，本研究分别选择与两站点最为接近的古城、天坛站点的 PM2.5/PM10 浓度观测资料，该资料为时值观测数据。PM2.5/PM10 观测数据的单位为 $\mu g/m^3$。

3.4.2　APEC 会议期间的 GNSS 水汽与 PM2.5/PM10 的相关性比较

　　（1）BJFS 站 GNSS 水汽与古城站 PM2.5/PM10 的比较

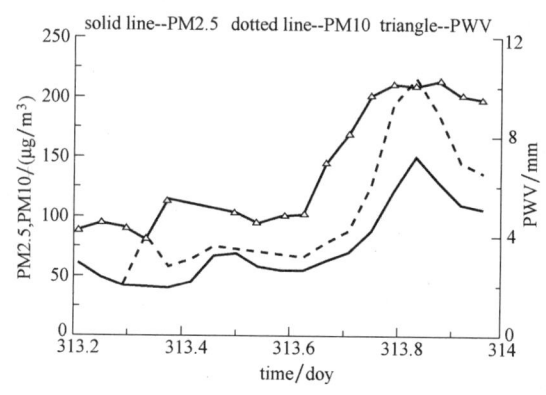

图 3-24　BJFS 站 PWV 与古城站 PM2.5/PM10
　　　　比较（11 月 10 日）

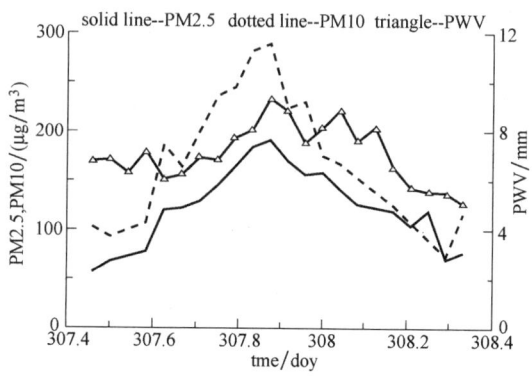

图 3-25　BJFS 站 PWV 与古城站 PM2.5/PM10
　　　　比较（11 月 4 日～5 日）

根据现有的 BJFS 站 GNSS 水汽资料，结合古城站 PM2.5/PM10 观测数据，选择 2014 年 11 月 4 日～5 日和 11 月 10 日两个时段进行 GNSS 水汽与 PM2.5/PM10 观的比较研究，见图 3-24 和图 3-25（图中横轴单位是年积日 doy，即 day of year）。

由图 3-24 和图 3-25 可看出，11 月 4 日～5 日发生了一次轻度污染过程，PM2.5/PM10 浓度较高，期间古城站 PM2.5/PM10 浓度值的上升下降，BJFS 站 GPS 水汽也有一个明显的上升下降过程；同理，11 月 10 日 GNSS 水汽与 PM2.5/PM10 浓度有较为近似的上升过程。计算两次时段 GNSS 水汽与 PM2.5/PM10 浓度的相关性，见表 3-6。

BJFS 站 PWV 与古城站 PM2.5/PM10 的相关性统计结果　　　　　表 3-6

时间	PM2.5&PWV	PM10&PWV
11 月 4 日～5 日	0.708	0.636
11 月 10 日	0.898	0.863

根据表 3-6 的 GNSS 水汽与 PM2.5/PM10 浓度的相关性统计结果，可推断 GNSS 水汽与 PM2.5/PM10 浓度呈较为明显的正相关特性，相关系数大于 0.6。

（2）BJNM 站 GNSS 水汽与天坛站 PM2.5/PM10 的比较

BJNM 站 GNSS 水汽资料较为连续，结合天坛站 PM2.5/PM10 观测数据，选择 2014 年 11 月 4 日～5 日、11 月 6 日～8 日、11 月 10 日～11 日和 11 月 14 日～16 日四个时段进行 GNSS 水汽与 PM2.5/PM10 观的比较研究，见图 3-26（a～d）。

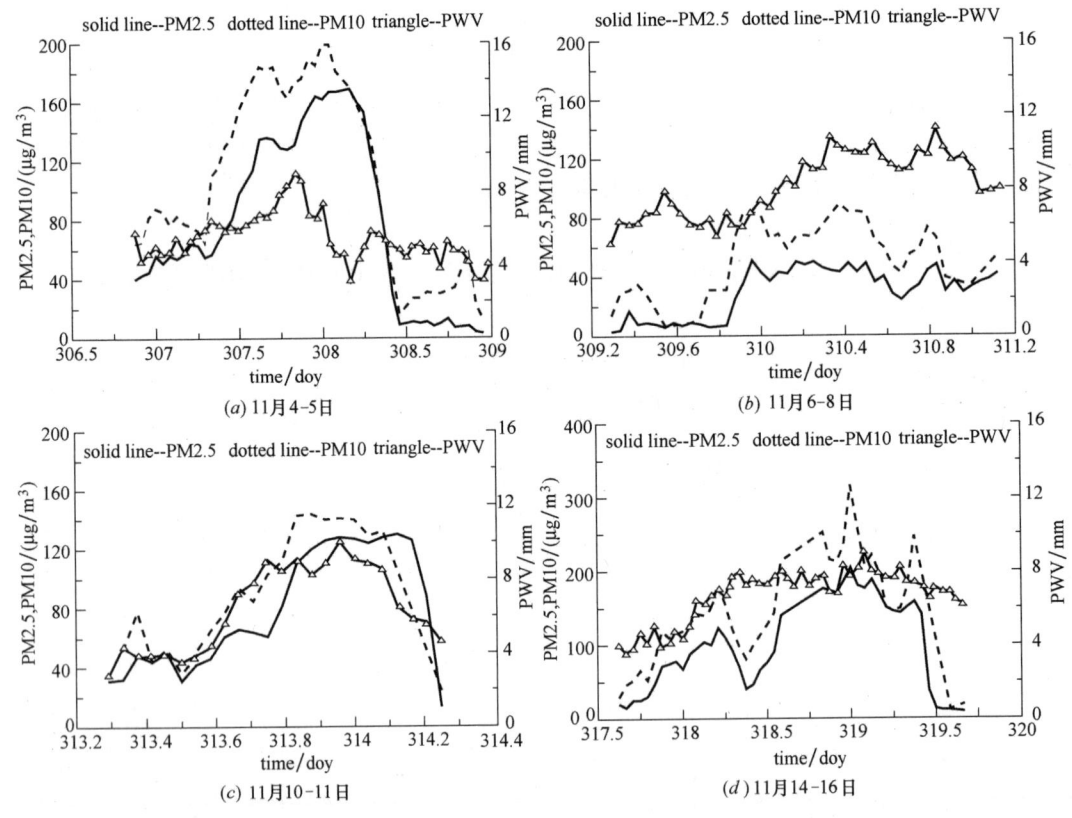

图 3-26　BJNM 站 PWV 与天坛站 PM2.5/PM10 比较

由图 3-26 可看出，天坛站 PM2.5/PM10 浓度值的上升下降，对应了 BJNM 站 GNSS 水汽的上升下降，两者具有较为一致的变化趋势。在图 3-26（a）年积日 308（11 月 5 日）PM2.5/PM10 浓度值有一个急速下降过程，而 GNSS 水汽变化则表现为上升下降。通过历史天气查询（http：//lishi.tianqi.com/），北京在 11 月 5 日天气为北风 3～4 级，较大风速的变化导致大气污染颗粒发生水平移动，因而 PM2.5/PM10 浓度值下降。计算四个时段 GNSS 水汽与 PM2.5/PM10 浓度的相关系数，见表 3-7。

BJNM 站 PWV 与天坛站 PM2.5/PM10 的相关性统计结果 表 3-7

时间	PM2.5&PWV	PM10&PWV
11 月 4 日～5 日	0.519	0.654
11 月 6 日～8 日	0.672	0.529
11 月 10 日～11 日	0.776	0.916
11 月 14 日～16 日	0.608	0.621

根据表 3-6 的 GNSS 水汽与 PM2.5/PM10 浓度的相关性统计结果，证明 GNSS 水汽与 PM2.5/PM10 浓度呈现较为明显的正相关特性，相关系数大于 0.5，最大相关系数超过 0.91。

在风速较小难以产生空气污染物水平移动的情况下，水汽的上升、下降变化过程对应了 PM2.5/PM10 浓度的上升和下降过程，这是因为：水汽增加促进 SO_2、NO、NO_2 和 O_3 转化为二次污染颗粒，二次污染颗粒属于 PM2.5/PM10，因而 PM2.5/PM10 浓度增加。

APEC 期间北京周边地区工地停工，机动车限行，连续数据的 3～4 级风使得北京空气质量优良。APEC 期间的北京空气污染较小，本文开展 GNSS 水汽与 PM2.5/PM10 浓度的比较研究，研究发现，GNSS 水汽与 PM2.5/PM10 浓度变化存在正相关特性，相关系数大于 0.5。本节研究结合本章第 2 节和第 3 节的研究结果可表明：不论空气质量优良或重度污染，水汽变化与 PM2.5/PM10 变化均存在明显的正相关性，这证实了利用 GNSS 水汽进行 PM2.5 浓度监测的可行性。

3.5 基于小波分析的 GNSS PWV 与 PM2.5 浓度的比较研究

由于 PWV 序列的波动比较大，且存在着噪声的干扰，只能依据经验大致判断水汽的演变趋势，无法深入分析水汽演变过程中的多尺度特性，限制了深入分析 PM2.5 浓度观测与 GNSS PWV 的关系。小波分析具有多分辨率特性，通过对水汽序列的多尺度细分可分析水汽演变的周期性和规律性；小波分析能够检测到水汽信号的瞬态突变现象，分析其与 PM2.5 观测序列之间的关系，从而为霾天气预报提供参考。本节首先简单分析 PWV 与 PM2.5 之间的关系，然后用小波变换理论分析低频系数重构的 PWV 序列与 PM2.5 序列之间的关系，最后分析高频系数重构的 PWV 序列与 PM2.5 序列之间的关系。

3.5.1 小波分析理论与研究数据

（1）小波分析理论与小波基选择

小波分析是时间（空间）频率的局部化分析，在时频域都具有表征信号局部特征的能力。小波分析就是把某一被称为基本小波（mother wavelet）的函数作位移 τ 后，再在不同尺度 a 下，与分析信号 $f(t)$ 作内积，即

$$Wf(a,\tau) = \langle f(t), \psi_{a,t}(t) \rangle = \frac{1}{\sqrt{a}} \int_R \psi \times \left(\frac{t-\tau}{a} \right) \mathrm{d}t \qquad (3\text{-}1)$$

式（3-1）中，a 称为尺度因子，其作用是对基本小波 $\Psi_{a,\tau}(t)$ 函数作伸缩，τ 反映位移。在不同尺度下小波持续时间随值的加大而增宽，幅值 $\sqrt{a}$ 则与反比减少，但波的形状保持不变。

经典小波函数主要有 Haar 小波、Daubechies 小波、Symlets 小波、Meyer 小波、Morlet 小波和 Mexican Hat 小波等，这些小波在对称性、紧支性、消失矩、正则性等方面均具有不同的特点。小波基的选择一般根据信号特征和实际应用效果而定。考虑到要对水汽和 PM2.5 序列进行多尺度分析、信号重构以及突变分析，本文选择紧支撑标准正交小波 DbN 小波系。DbN 系列小波随着阶次增加，消失矩阶数增加，频带划分的效果更好，但会使时域紧支撑性减弱，同时计算量大大增加，实时性变差。

实验过程如下：依次选取 Db1～Db40 作为小波基对 PWV 和 PM2.5 序列进行分析，对比各小波基分解后各层的小波系数，寻找对应关系最好的那一组。经过试验比较，综合考虑算法的分析效果和计算效率，最终选定 Db5 小波来进行水汽信号分析。该小波正则性较好，能够检测出信号中的奇异点；支撑长度较小，能够对奇异点进行准确的定位；对称性较好，能满足水汽信号重构的要求。

（2）研究数据

通过下载 IGS 提供的 2013 年 11 月和 12 月 BJNM 站点天顶对流层延迟和气象资料，计算获得时值 GNSS 水汽序列。由于 IGS 提供的 GNSS 天顶对流层延迟数据和气象数据不完整，导致解算的 GNSS 水汽序列不连续，有个别天数数据缺失。11 月份 GNSS 数据连续，12 月数据存在数天的间断，因而研究数据分为三个时段，11 月份（年积日 305～335）和 12 月（336～344）、（346～354）。水汽数据为小时采样，单位为 mm。

北京有多个 PM2.5 观测站点，本文选择了与 BJNM 站点最为接近的天坛站点的 PM2.5 观测资料，该资料为时值观测数据。单位为 $\mu g/m^3$。

3.5.2　GNSS PWV 与 PM2.5 比较

利用解算获得的 BJNM 站点 2013 年 11 月和 12 月 GNSS PWV 序列，结合天坛站同期 PM2.5 观测数据，对比分析 GNSS PWV 与 PM2.5 序列之间的关系，见图 3-27（a～c）。统计研究时段 GNSS PWV 序列与同期 PM2.5 观测数据的相关性，表 3-8 所示。

GNSS PWV 与 PM2.5 相关性统计　　　　　　　　　　　　　　　表 3-8

时间/年积日	相关性	样本数	Sig 值
305-335	0.726	720	0.000
336-344	0.586	216	0.000
346-354	0.535	216	0.000

由图 3-27 和表 3-7 可看出，PM2.5 观测与 GNSS PWV 存在较好的对应关系，两者

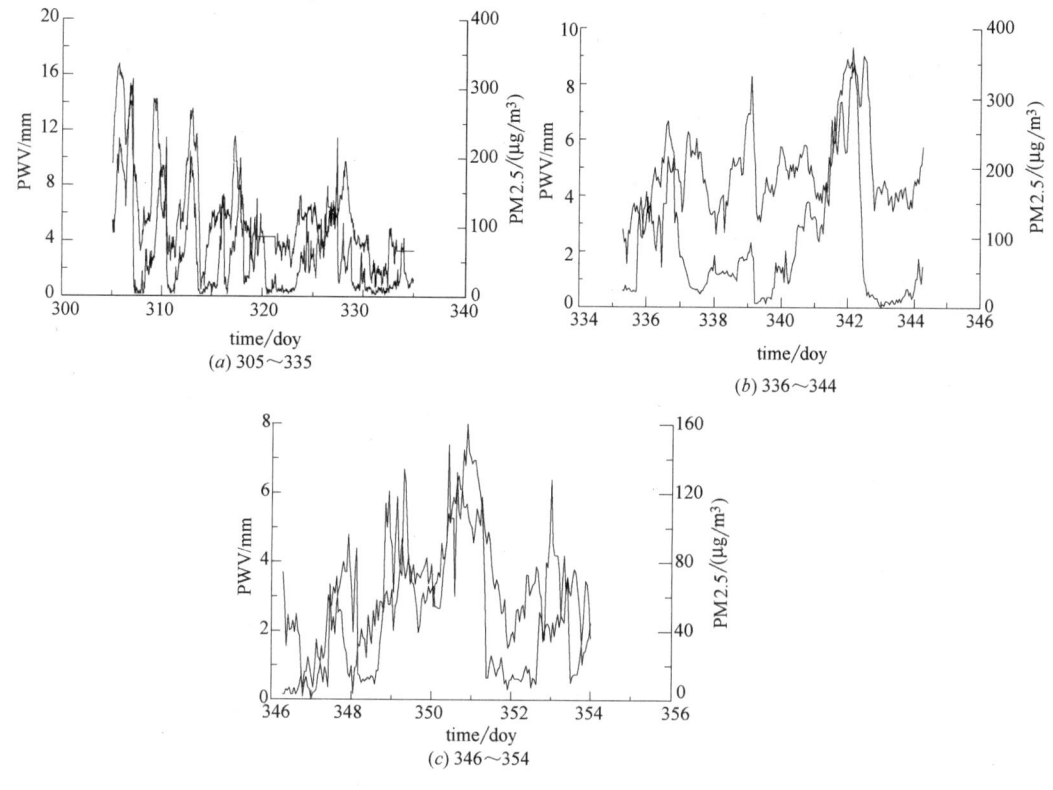

图 3-27　GNSS PWV 与 PM2.5 比较

的相关系数大于 0.535，sig 值小于 0.01，说明 PM2.5 观测与 GNSS PWV 存在显著正相关特性。水汽的上升和下降过程对应了 PM2.5 观测序列的上升和下降，原因分析如下：（1）水汽的增加能促进二氧化硫、氮氧化物被氧化成 SOA（SOA 是指直接排放的污染物与大气中物质反应后生成的二次污染的颗粒），从而提高 PM2.5 浓度；（2）当水汽上升时，臭氧与有机物发生化学反应生成大量的微颗粒，而该微颗粒属于 PM2.5。因此，在水汽上升时，臭氧浓度下降，PM2.5 浓度上升。同理，水汽的减少，也对应了 PM2.5 浓度的下降。

　　由 PM2.5 观测与 GNSS PWV 的时间序列对比获得的结论比较直观，物理意义明确，但由于原始数据的波动比较大，且存在着噪声的干扰，只能依据经验大致判断水汽的演变趋势，该判断易受到水汽短时变化和噪声干扰的影响，无法深入分析水汽演变过程中的多尺度特性，限制了深入分析 PM2.5 观测与 GNSS PWV 的关系。

3.5.3　基于小波分析的 GNSS PWV 与 PM2.5 比较

　　通过小波变换对 GNSS PWV 与 PM2.5 序列进行分解，可以得到不同时间尺度上的小波系数，这些小波系数可用来描述水汽与 PM2.5 的多尺度结构和变化特征。PWV 与 PM2.5 序列经小波分解后可以得到低频系数和高频系数，其中低频系数主要由确定性成分构成，反映了水汽、PM2.5 演变的主要特征，如演变趋势和周期等，高频部分是由各种干扰噪声、异常突变和随机波动构成，反映水汽和 PM2.5 的突变和扰动等。为了减少各种高频噪声对水汽与 PM2.5 信号的干扰，更好的反映出水汽与 PM2.5 的演变趋势和变化规律，需要对水汽与 PM2.5 序列进行小波分解后选择合适的级数进行重构。

（1）基于小波分析的 PWV 演变趋势与 PM2.5 的比较

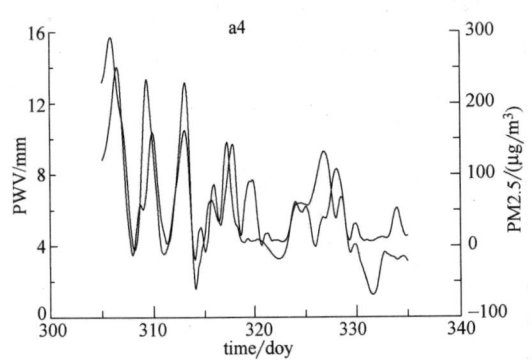

图 3-28　2013 年 11 月第四层低频系数重构的 PWV 与 PM2.5 比较

利用 Db5 对 GNSS PWV 序列进行小波分解，然后选择合适的级数进行重构。试验发现，若采用第五层及其以上的低频系数重构，有几次峰值之间的低谷被掩盖，几个峰值合并成一个，水汽信号丢失较为严重，而则采用第三层以下的低频系数重构，则水汽扰动现象明显。从实验效果来看，既能代表水汽演变趋势，又要将噪声干扰降到最低，应选择第四层的低频系数进行重构。此外，中尺度天气系统的生命史一般也为十几个小时，而 $2^4 = 16$，即第四层低频系数能较好地对应中尺度天气系统的生命史，故选择第四层低频系数进行重构有着较好的物理基础。以 2013 年 11 月和 12 月观测数据为例，将 PWV、PM2.5 序列经 Db5 分解后重构，将重构结果与 PM2.5 数据绘制成图 3-28。

2013 年 11 月第四层低频系数重构的 PWV 与 PM2.5 的相关性统计　表 3-9

	相关性	样本数	Sig 值
PWV&PM2.5	0.726	720	0.000
PWV (a4)&PM2.5(a4)	0.800	720	0.000

由图 3-28 和表 3-9 所示，由于剔除了高频噪声、细微扰动和小尺度系统影响，第四层低频系数重构的 PWV 序列更好地反映了 PM2.5 序列的变化，PWV 序列的上升下降对应了 PM2.5 序列的上升下降，重构后的 PWV 序列与 PM2.5 序列的相关性达到了 0.749，较原始 PWV 序列与 PM2.5 序列的相关性有所提高。

该规律在 2013 年 12 月也适用，重构的 PWV 序列与 PM2.5 序列的比较及相关性统计如图 3-29 和表 3-10 所示。

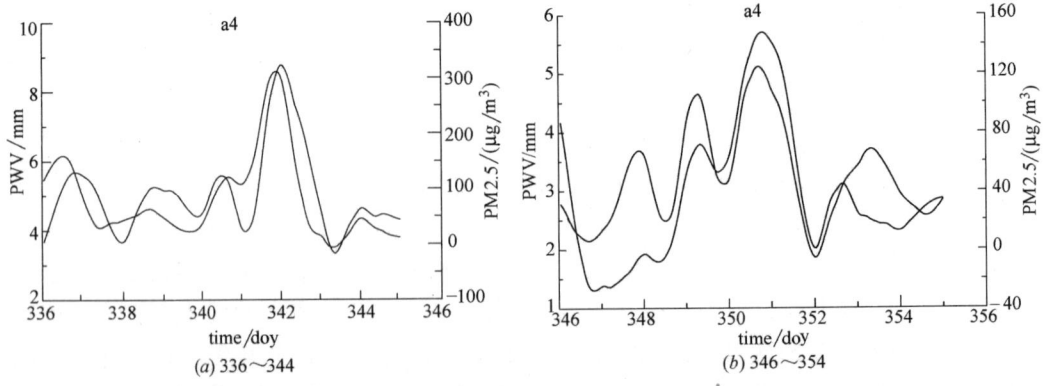

(a) 336～344　　　　　　　(b) 346～354

图 3-29　2013 年 12 月第四层低频系数重构的 PWV 与 PM2.5 比较

2013 年 12 月第四层低频系数重构的 PWV 与 PM2.5 的相关性统计　　表 3-10

时间	PWV&PM2.5	相关性	样本数	Sig 值
336～344	PWV&PM2.5	0.586	216	0.000
	PWV (a4)&PM2.5 (a4)	0.750	216	0.000
346～354	PWV&PM2.5	0.535	216	0.000
	PWV (a4)&PM2.5 (a4)	0.765	216	0.000

综合图 3-28、图 3-29 与表 3-8、表 3-9，经小波重构后的水汽序列能够从本质上反映出水汽演变的总体趋势，不会被水汽短期波动所干扰，而水汽演变的总体趋势与 PM2.5 序列有着较为密切的联系。重构的水汽序列与 PM2.5 序列的相关性优于原始 PWV 序列与 PM2.5 序列的相关性。

（2）基于小波分析的 PWV 突变与 PM2.5 的比较

由于水汽的突变意味着水汽系统发生较大的异常变化，该异常变化往往与 PM2.5 序列的上升与下降密切相关，故分析 PWV 序列的突变特性及其与 PM2.5 序列之间的关系具有重要意义。利用小波理论来检测水汽与 PM2.5 信号突变点的一般方法是：首先对水汽与 PM2.5 序列进行小波分解，结合实际需要确定小波分解的层数，提取出小波分解后的某层高频系数，然后通过对该层高频系数的奇异性检测来确定水汽与 PM2.5 突变发生点，讨论两者之间的关系。

PWV 突变检测涉及小波分解层数的问题，若分解的级数过高，则得到的高频系数是原始信号中的噪声干扰，若分解的级数过低，各种噪声仍残留在信号中，这将会干扰到对水汽与 PM2.5 信号的分析。水汽与 PM2.5 信号突变点的检测内容包括：变化的时间和幅值。接下来研究水汽资料经小波分解后的高频部分与 PM2.5 突变之间的关系，及其所刻画出的水汽演变过程中的物理本质与 PM2.5 序列之间的关系。

将 BJNM 站 2013 年 11 月和 12 月第 5 层的高频系数（d5）重构的 GPS PWV 与 PM2.5 序列比较绘制在图 3-30（a～c）。

从图 3-30（a～c）可看出，BJNM 站 2013 年 11 月与 12 月的多次 PWV 序列与对应高频系数重构的 PM2.5 序列具有很好的对应关系，PWV 序列的上升下降对应了 PM2.5 序列的上升下降。由于 319～321 日 PWV 数据缺失，图 3-30（a）中 319～321 日 PWV 变化与 PM2.5 序列变化不符。比较分析 12 月两个时段的高频系数 d5 重构的 PWV 与 PM2.5 序列，计算其相关系数，见表 3-11。

高频系数重构的 PWV 与 PM2.5 序列的相关性统计　　表 3-11

time/doy	PWV&PM2.5	coefficient	samples	Sig. value
336-344	PWV&PM2.5	0.586	216	0.000
	PWV (d5)&PM2.5 (d5)	0.841	216	0.000
346-354	PWV&PM2.5	0.535	216	0.000
	PWV (d5)&PM2.5 (d5)	0.839	216	0.000

由图 3-30 和表 3-11 可看出，PM2.5 序列峰值基本发生在对应时间分辨率上的高频系数的模极大值处，这可能是由于高频系数表示的物理含义为原始信号（即水汽）在某一时间分辨率上的演变细节，而 PM2.5 序列峰值发生时一般对应着水汽的异常突变，该突变以模极大值的形式出现，故其与 PM2.5 序列峰值有着较好的对应关系。

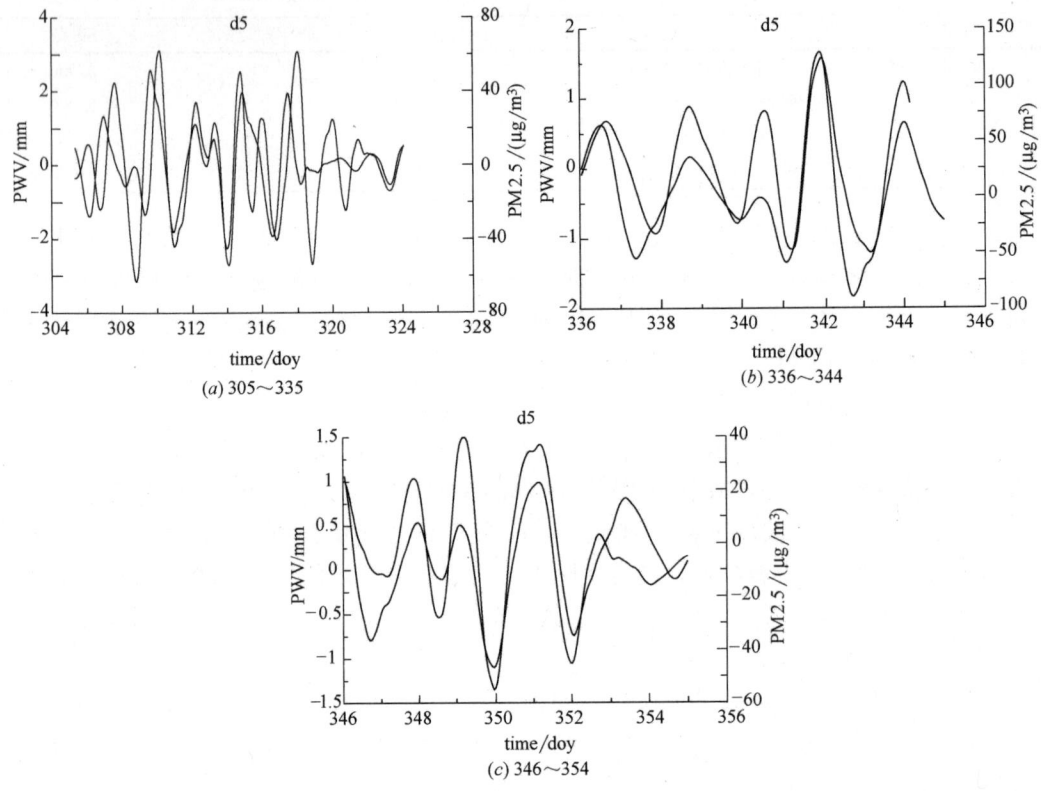

图 3-30　高频系数 d5 重构的 PWV 与 PM2.5 比较

以 2013 年 11 月和 12 月时间为例，本文开展了 BJNM 站点 GNSS PWV 序列的小波分析处理结果与 PM2.5 序列的比较研究，获得以下结论：

（1）PM2.5 观测与 GNSS PWV 存在较好的对应关系，两者的相关系数大于 0.535，sig 值小于 0.01，说明 PM2.5 观测与 GNSS PWV 存在显著正相关特性。

（2）由于剔除了高频噪声、细微扰动和小尺度系统影响，第四层低频系数重构的 PWV 序列更好地反映了 PM2.5 序列的变化，PWV 序列的上升下降对应了 PM2.5 序列的上升下降，重构后的 PWV 序列与 PM2.5 序列的相关性达到了 0.749，较原始 PWV 序列与 PM2.5 序列的相关性有所提高。

（3）高频系数重构的 PM2.5 序列与 PWV 序列的相关性达到 0.839，更能反映两者的正相关特性。

3.6　基于河北省 GNSS 水汽与 PM2.5 浓度的比较研究

水汽（可降水量）是形成雾霾天气过程的重要外因，PM2.5 是形成雾霾天气过程的重要微颗粒物，针对多次雾霾天气过程，作者通过北京 GNSS 水汽序列与 PM2.5 浓度的比较，研究发现水汽与 PM2.5 浓度存在正相关特性。水汽与 PM2.5 浓度的正相关特性对于霾灾害治理研究具有重要的价值，水汽与 PM2.5 浓度的正相关特性是否具有广泛普遍性？本节将选择河北省连续观测网的多个 GNSS 站点开展 GNSS 水汽（可降水量）序列与 PM2.5 浓度的比较，分析两者之间的相关性。

3.6.1 实验数据与方法

（1）实验数据

本文研究数据主要包含 2 类数据：PM2.5 浓度数据、GNSS 水汽。

PM2.5 浓度观测为小时观测，单位为 ug/m^3。

GNSS 水汽由河北省 GNSS 连续观测网观测数据反演获得，GNSS 水汽解算方案如下：解算软件为 GAMIT10.4，星历为 IGS 精密星历，解算方式为 RELAX，卫星高度角 10 度，引入同期国内 IGS 站点 WUHN、LHAZ、URUM、SHAO 等数据联合解算，站点天顶对流层延迟的解算为每小时估算一个值，结合站点气象观测数据可以获得 GPS 站点时值水汽，GNSS 水汽单位为 mm。

为了便于 GPS 水汽与 PM2.5 浓度的比较，选择均含有两类数据的站点。本文将利用 GNSS 水汽数据与 PM2.5 浓度观测数据进行比较，两类数据均为时值观测数据，相关性分析是通过时值数据比较和计算获得。

（2）相关性分析

相关性分析是指对两个或多个具备相关性的变量元素进行分析，从而衡量两个变量因素的相关密切程度。相关性分析计算公式见式（3-2）。

$$r = \frac{\sum\limits_{i=1}^{n}(x_i - \overline{x})(y_i - \overline{y})}{\sqrt{\sum\limits_{i=1}^{n}(x_i - \overline{x})^2 \cdot \sum\limits_{i=1}^{n}(y_i - \overline{y})^2}} \tag{3-2}$$

式（3-2）中，x_i、y_i 为两变量序列值，$\overline{x}$、$\overline{y}$ 为两变量序列的平均值。r 值的范围在 -1 和 $+1$ 之间。$r>0$ 为正相关，$r<0$ 为负相关，$r=0$ 表示不相关。r 的绝对值越大，相关程度越高。本文的相关性分析采用 GPS 水汽序列和 PM2.5 浓度序列作为两变量。

3.6.2 GNSS 水汽与 PM2.5 浓度比较

通过查询历史气象资料，2014 年 1 月至 2 月华北地区发生重度霾天气过程。

（1）1 月 6 日，河北气象台发布霾黄色预警，张家口、保定、石家庄、衡水、邢台和邯郸为重度到严重污染；1 月 7 日，河北气象台连续发布霾黄色预警。

（2）2 月 20 日至 26 日华北地区发生持续 7 天的重度霾天气，2 月 21 日气象局发布霾橙色预警，该次天气过程是 2013 年 1 月 1 日按照国家空气质量新标准开展空气质量监测以来持续时间最长的一次。

基于此，本研究将选择此 2 次重度霾天气发生过程进行 GNSS 水汽与 PM2.5 浓度的比较，时间选择如下：1 月 5 日至 8 日（年积日 005～008）；2 月 19 至 28 日（年积日 050～059）。

（1）2014 年 1 月 5 日至 8 日 GNSS 水汽与 PM2.5 浓度比较

图 3-31（a～f）为 2014 年 1 月 5 日至 8 日（年积日 005～008）GNSS 水汽与 PM2.5 浓度的比较。

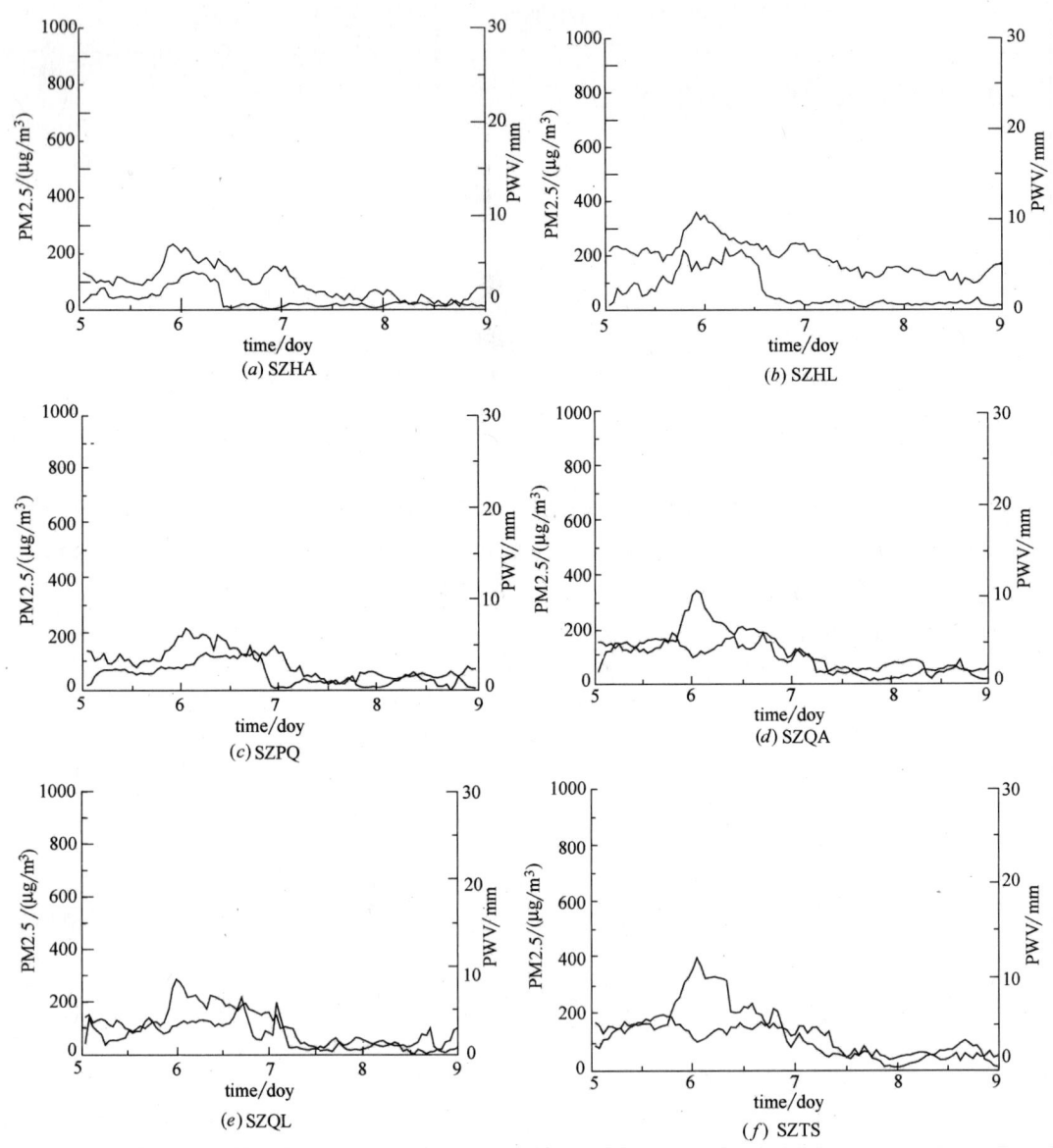

图 3-31　GNSS 水汽与 PM2.5 的比较（005～008）

由图 3-31（a～f）可看出 GNSS 水汽与 PM2.5 序列具有很好的对应关系，计算各站点的相关性，相关系数及显著性 sig 值见表 3-12。

GNSS 水汽与 PM2.5 的相关性比较（005～008）　　　　　　　　　　　　表 3-12

站点	相关系数	显著性 sig 值
SZHA	0.686	＜0.01
SZHL	0.755	＜0.01
SZPQ	0.629	＜0.01
SZQA	0.727	＜0.01
SZQL	0.723	＜0.01
SZTS	0.620	＜0.01

（2）2014 年 2 月 19 日至 28 日 GNSS 水汽与 PM2.5 浓度比较

图 3-32（$a \sim f$）为 2014 年 2 月 19 日至 28 日（年积日 050～059）重度霾天气的 GNSS 水汽与 PM2.5 浓度的比较。

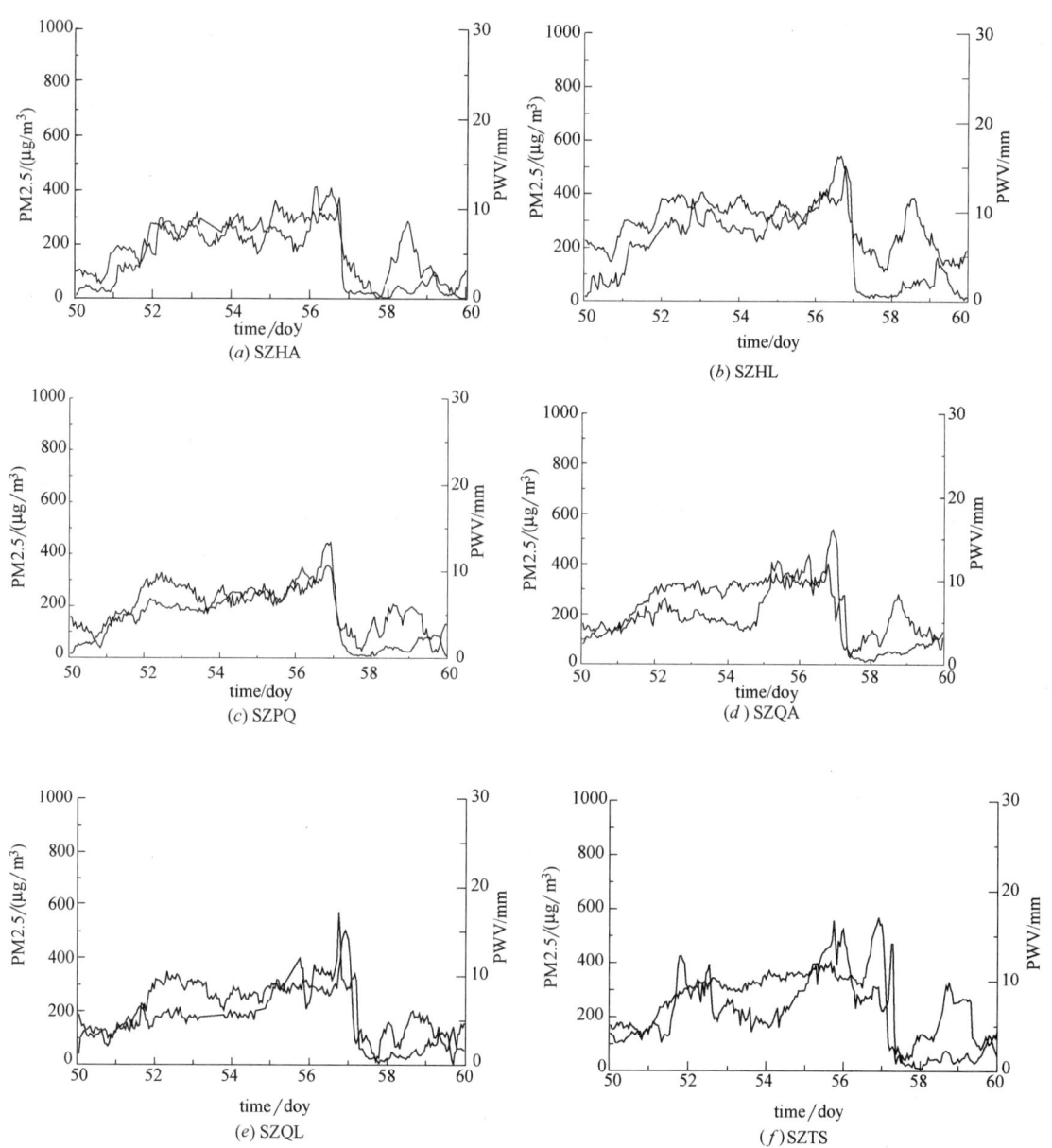

图 3-32　GNSS 水汽与 PM2.5 的比较（050～059）

由图 3-32（$a \sim f$）可看出 GNSS 水汽与 PM2.5 序列具有很好的对应关系，水汽的上升、下降过程对应了 PM2.5 浓度值的上升、下降过程。计算各站点的相关性，表 3-13 为相关系数及显著性 sig 值。

站　点	相关系数	显著性 sig 值
SZHA	0.748	<0.01
SZHL	0.822	<0.01
SZPQ	0.815	<0.01
SZQA	0.731	<0.01
SZQL	0.718	<0.01
SZTS	0.638	<0.01

由图 3-31、图 3-32 结合表 3-11、表 3-12 可看出，GNSS 水汽与 PM2.5 的显著性 sig 值小于 0.01，说明两者存在显著性差异，相关系数大于 0.6。GNSS 水汽与 PM2.5 浓度变化具有较好的对应关系，当水汽含量上升时，对应了 PM2.5 浓度的上升；水汽含量下降，对应了 PM2.5 浓度的下降。

GNSS 水汽与 PM2.5 浓度存在显著正相关的原因分析如下：

（1）水汽的增加能促进二氧化硫、氮氧化物被氧化成二次污染物颗粒，从而提高 PM2.5 浓度；

（2）当水汽上升时，臭氧与有机物发生化学反应生成大量的微颗粒，而该微颗粒属于 PM2.5；

（3）河北是我国重要的钢铁制造地，在该地区 PM2.5 污染源的组成中，煤燃烧所占比重最大，尤其是到了冬季，燃煤供暖，煤燃烧占的比重会更大。燃煤 PM2.5 微粒大多为难溶于水且吸湿性较差的球形硅铝质矿物颗粒，润湿性较差。因而 PM2.5 颗粒不因水汽的增加而减少。

本节以河北省多个 GNSS 站点的水汽与 PM2.5 浓度观测数据开展了两者的比较，研究发现：GNSS 水汽与 PM2.5 浓度呈显著正相关，相关系数大于 0.6。水汽的上升、下降过程对应了 PM2.5 浓度值的上升、下降过程。通过本节河北省多个站点 GNSS 水汽与 PM2.5 浓度的比较，结合作者前期进行的 2013 年北京 GNSS 水汽与 PM2.5 浓度比较结果，可以获得 GNSS 水汽与 PM2.5 浓度呈显著正相关的结论。

3.7　本章小结

本章通过对北京市、河北省 GNSS 连续观测网站点 GNSS 水汽与 PM2.5 浓度的比较，以及霾灾害天气高发季节、APEC 会议期间北京空气质量良好时间 GNSS 水汽与 PM2.5 浓度的比较，验证了在不同的大气污染状态、不同区域水汽与 PM2.5 浓度变化存在较好的正相关特性。并利用小波分析方法对 GNSS 水汽与 PM2.5 浓度观测数据进行数据处理后重构可以获得更好的相关性结果。本章结论如下：

（1）GNSS 水汽变化与 PM2.5/PM10 浓度变化呈显著正相关，在风速较小情况下，水汽与 PM2.5/PM10 浓度变化的相关性更为显著；

（2）夏季 GNSS PWV 变化与 PM2.5/PM10 变化没有明显的相关性规律；在秋冬春季节，GNSS PWV 变化与 PM2.5/PM10 变化存在显著正相关特性，相关系数大于 0.5；

（3）秋冬春季节无线电探空整层（分层）水汽与 PM2.5/PM10 变化的比较中，整层水汽变化与 PM2.5/PM10 变化的相关系数大于 0.5，第 3，4 层水汽变化与 PM2.5/PM10 变化的相关性最佳；

（4）不论空气质量优良或重度污染，水汽变化与 PM2.5/PM10 变化均存在明显的正相关性；

（5）由于剔除了高频噪声、细微扰动和小尺度系统影响，第四层低频系数重构的 PWV 序列更好的反映了 PM2.5 序列的变化，PWV 序列的上升下降对应了 PM2.5 序列的上升下降，重构后的 PWV 序列与 PM2.5 序列的相关性达到了 0.749，较原始 PWV 序列与 PM2.5 序列的相关性有所提高；

（6）高频系数重构的 PM2.5 序列与 PWV 序列的相关性达到 0.839，更能反映两者的正相关特性。

第4章　GNSS 用于城市暴雨监测

目前气象领域水汽探测主要应用手段有无线电探空仪、卫星遥感探测、微波辐射计。无线电探空观测在空间分辨率和时间分辨率方面，与实际需要存在差距；气象卫星探测获得的水汽精度不高，且云量较多时观测受影响；微波辐射计是最为精确的观测手段，时间分辨率也高，但是其在降水量较大时工作受影响，且价格昂贵，制约该技术的应用。

水汽是影响降水过程发生、引发暴雨灾害的关键要素之一。水汽尽管其在大气中的含量不高，但其变化是天气、气候变化的主要驱动力，是灾害性天气形成和演变中的重要因素，气象领域的基本问题之一就是要精确测量大气水汽的分布及变化。GNSS 技术探测大气水汽具有成本低、精度好、时间分辨率高、垂直分辨率高、全球覆盖、全天候观测等优点。目前我国建成了国家级、省市级的 GNSS 连续观测网络，如何把 GNSS 这类新型气象资料融合到现有的数值预报中去，辅助暴雨预警，是目前急需研究的一个热点和难点问题。

由于 GNSS 数据的传输和数据处理需要时间，获得的 GNSS 可降水量为准实时，而将 GNSS 可降水量用于短期天气预报分析和预警发布也需要时间，因而进行 GNSS 可降水量的短时预测，并保证预测精度，对于 GNSS 可降水量用于短期天气预报具有很好的促进作用。

本章研究暴雨过程的 GNSS 水汽变化，通过 GNSS 水汽与降水过程比较，分析得到 GNSS 水汽可用于水汽通道研判，对于区域暴雨预报具有很好的参考价值。

4.1　GNSS 水汽与降水过程的对比

图 4-1 为北京市 GNSS 水汽探测站点分布图，该网由 28 个站点组成。

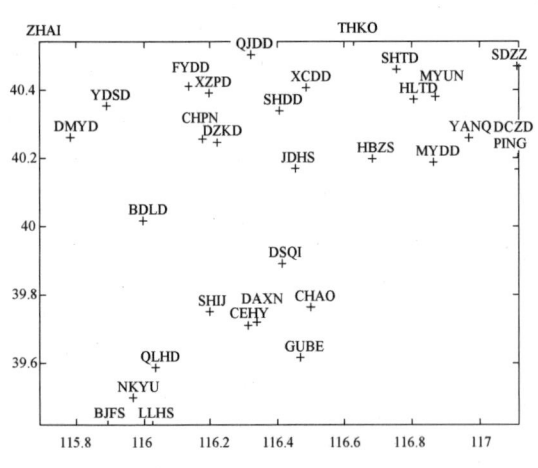

图 4-1　北京市 GNSS 水汽探测站点分布

针对 2011 年 6 月 29 日～7 月 1 日（年积日为 179～181）、7 月 24～26 日（年积日为 203～205）北京市较强降水过程，选取两次降水过程的北京市 GNSS 观测数据、同期气象观测要素和实际时值降水数据，在暴雨水汽变化监测分析的基础上进行水汽传输通道探测。

以 SHIJ、NKYU、DSQI、YANQ 四个站点为例，利用 GNSS 可降水量与时值降水的对比，分析两次降水过程 GNSS 水汽的变化规律，见图 4-2。

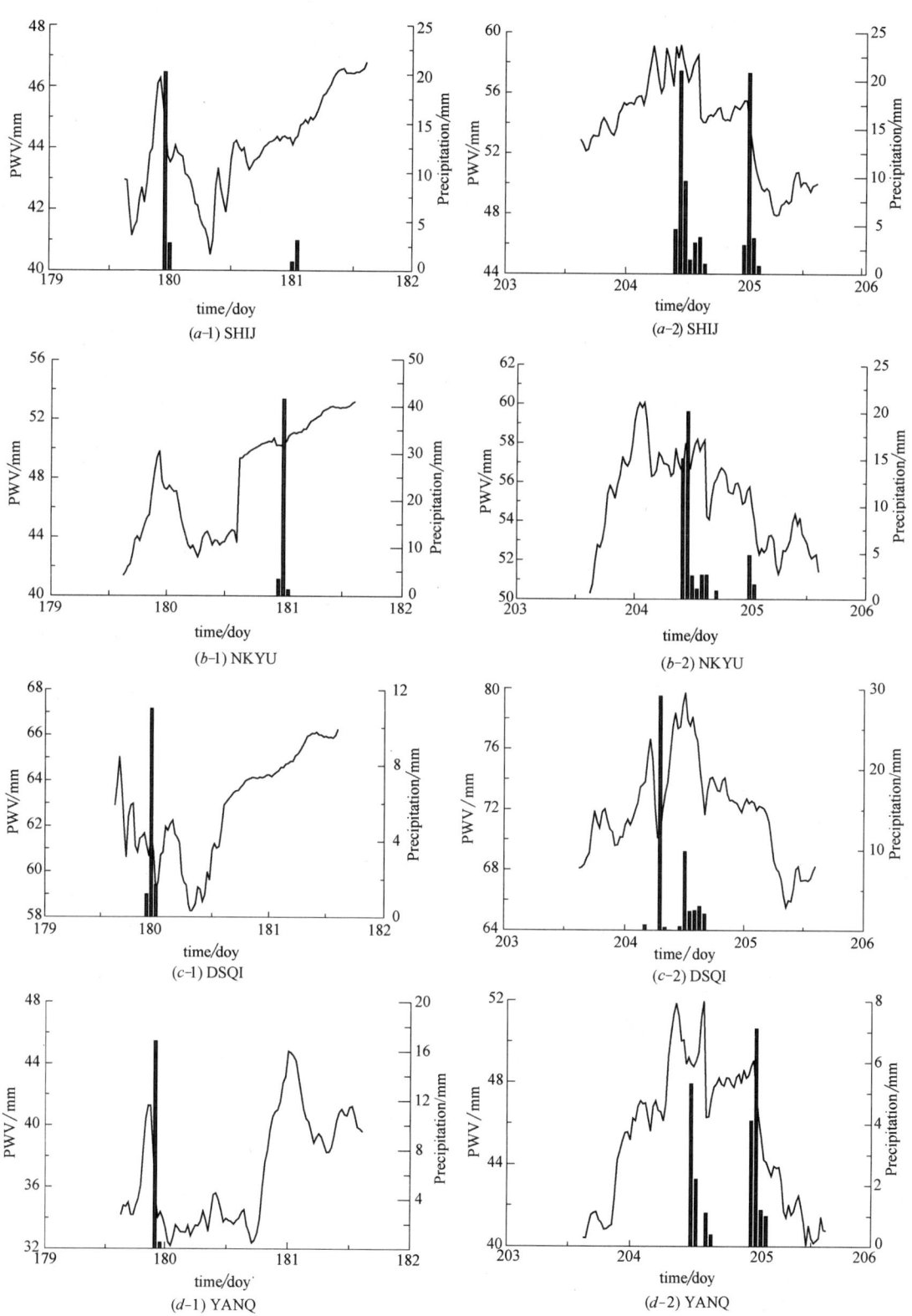

图 4-2　GNSS 水汽与降水过程的比较

　　GNSS 水汽序列在降水过程发生之前都有一个快速上升的变化过程，GNSS 水汽的上升时间与增幅大小对应于水汽累积；GNSS 水汽上升到顶峰后，开始下降，此时一般对应有降水过程的发生，降水量的多少与降水时间长短，与水汽积累有关。GNSS 水汽下降的过程中，降水逐步减小，这一阶段 GNSS 水汽序列的波动变化与降水的短时变化有较好的对应关系。

　　GNSS 水汽在峰值区持续时间较长，对应了较多的水汽积聚。此时降水时间和降水强度较大。以每小时超过 16mm 的降水为基准，针对 7 月 24～26 日的强降水过程，时值降水达到暴雨标准（大于 16mm）的北京 GNSS 站点有 14 个。

　　用于图 4-3 和图 4-4 的数据时间为 48h，而由图 4-3 和图 4-4 可知，各站点 GNSS 水汽

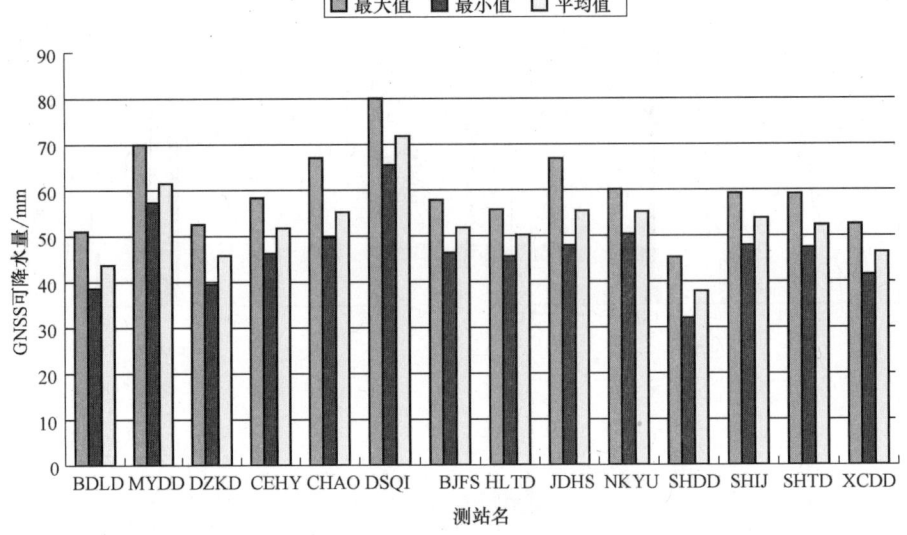

图 4-3　GNSS 站点水汽变化统计

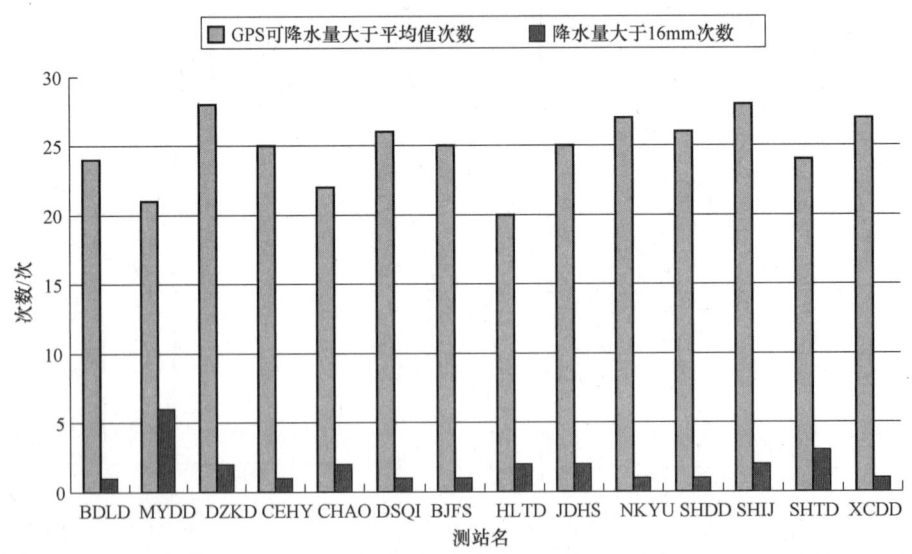

图 4-4　GNSS 水汽与降水统计

聚集时间较长，统计各站点 GNSS 水汽时值高于平均可降水量值的时间，为 $20\sim28h$，该时间占整个时间长度的 $41.7\%\sim58.3\%$。暴雨的发生需要大量水汽支持，GNSS 水汽在降水过程之前的快速上升和峰值区长时间徘徊，反映大量水汽的辐合过程。

4.2　基于 GNSS 的水汽通道研判

　　如何利用连续的 GNSS 水汽序列用于判断降水过程的水汽通道是一个值得研究的问题，对于短期强降水预报与预警具有重要的指示意义。在此，利用北京市 GNSS 水汽资料研究北京的夏季水汽输送特征，由此判别北京的夏季水汽通道与 GNSS 水汽空间变化是否一致。

　　查询北京气象资料，获得北京夏季的水汽通道为西南—东北方向。由图 4-1 北京市 GNSS 站点分布图，在西南—东北方向，选择 BJFS、NKYU、SHIJ、JDHS、MYDD 5 个站点为研究对象，图 4-5 为 2011 年 7 月 23 日至 25 日的强降水过程的 5 个 GNSS 站点水汽的变化序列。

　　由图 4-5 可见，5 个站点的水汽峰值时间存在差异，从前往后依次为：BJFS、NKYU、SHIJ、JDHS、MYDD，即沿西

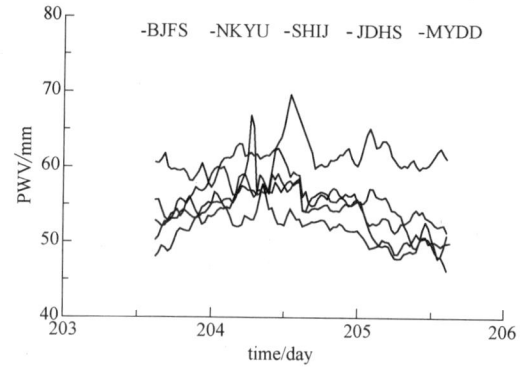

图 4-5　GNSS 站点水汽对比

南到东北的方向，这与北京夏季降水实际情况相符，夏季北京处于西南—东北方向水汽通道，GNSS 站点区域的强降水发生时间及降水量如下：BJFS UTC 18：00 31.7mm；NKYU UTC 19：00 26mm；SHIJ UTC 19：00 21mm；JDHS UTC 19：00 28.7mm；MYDD UTC 20：00 32.4mm。利用 GNSS 连续观测网水汽序列的变化结合水汽通道信息，可以进行强降水过程的暴雨预警。

4.3　基于经验模态分解与神经网络的 GNSS 水汽预测

　　GNSS 水汽的获得需经历 GNSS 数据与气象数据传输、高精度软件解算 GNSS 数据获取对流层延迟、计算可降水量等过程，若能尽快时间获取 GNSS 水汽或者具有较好的方法对 GNSS 水汽短期预测，对于 GNSS 气象学在短期天气预报的应用具有重要的意义。

　　本节利用经验模态分解与神经网络技术相结合的方法进行 GNSS 水汽的预测研究。首先采用经验模态分解方法将 GNSS 水汽分解成几个本征模态函数（Intrinsic Mode Function，IMF）分量和一个趋势项，对每个分量分别运用神经网络进行预测，重构最后的 GNSS 水汽预测结果。将经验模态分解与神经网络预测的可降水量、直接运用神经网络预测的 GNSS 水汽与实测 GNSS 水汽进行对比，评价经验模态分解与神经网络结合的方法用于 GNSS 水汽短时预测的有效性。

4.3.1　经验模态分解理论

经验模态分解与希尔伯特（Hilbert）谱分析，统称为经验模态分析，也称为 Hilbert-Huang 变换（HHT）的方法是由黄锷先生在 1998 年提出的数据处理方法[64]。经验模态分解是把物理系统的实测序列（经验资料）分解为数目不多的本征模态函数分量和一个趋势项，趋势项是原序列经过逐级分离出本征模态函数分量后，最终剩下来的"分量"，是单调的和光滑的。经验模态分解能用几个内在的本征模态函数和一个剩余分量表示序列的频率结构特征和非平稳性，总之，经验模态分解适用于非线性非平稳序列，是一种新的序列分解方法。

在大气运动中，气候是一个典型的非平稳系统，非平稳信号就的其相关函数、功率谱等随时间变化而变化的不稳定信号，时频分析方法是研究分析这类信号的有效手段。已有方法很多，目前大都是以傅立叶变换为理论依据，但传统的傅里叶变化在信号的提取频谱上，需要信号的整体时域信息，这就缺少了时域的定位。经验模态分解克服了傅立叶变换的不足，他能较好地表征将瞬时频率定义成解析信号相位的导数时容易产生的一些所谓"悖论"，在实际应用中也已表现出了一些独特的优点。经验模态分解时，所获得的本征模态函数分量必须满足下列条件：

1）对于该分量信号，信号的局部极值点和经过零点数目必须相等，或者最多相差一个点；

2）在信号的任意一点上，局部的极大值点和极小值点所构成的两条包络线的平均值为零。

如何把一个非线性非平稳序列（信号）分解为有限个本征模态函数分量和一个趋势项是经验模态分解方法的关键技术问题之一，解决问题的方法是实施筛选过程，过程如下：

1）设原始信号 $x(t)$，根据经验模态分解算法把信号中所有的局部极大值用 3 阶样条曲线连接起来，得到上包络线，同样的方法把局部极小值也连接起来，得到下包络线。用原信号 $x(t)$ 减去上下包络线的均值 m_1，生成一个新信号 h_1，即 $x(t)-m_1(t)=h_1(t)$。

2）进行第一次筛选得到的 h_1 一般不符合本征模态函数分量的要求，那么第二次筛选就把 h_1 作为"原始"系列重复第一次的筛选做法，得到 h_{11}，即 $h_1-m_{11}=h_{11}$。一直筛选下去，如果第 k 次筛选的结果符合要求，就得到第一个 IMF 分量 C_1，即 $h_{1k}=h_{1(k-1)}-m_{1k}=C_1$。

3）接下来把 C_1 从原序列中分离出去，对剩余的新序列进行上述的筛选过程，得到 $C_2\cdots C_n$。假设共找到 n 个本征模态函数分量和剩余分量（代表信号的趋势）。检查是否满足分解停止条件，若满足，则 $x(t)$ 等于 n 个本征模态函数分量和剩余分量之和，筛选结束的标准是本征模态函数分量或剩余分量足够小，或是剩余分量为一个单调函数。

为了减少筛选步骤，定义了 SD 参数，SD 表示为：

$$SD=\sum_{t=0}^{T}\left[\frac{\mid h_{1(k-1)}(t)-h_{1k(t)}\mid^2}{h_{1(k-1)}^2(t)}\right], k=1,2,\cdots \tag{4-1}$$

当 SD 参数小于某个常数时就停止筛选，一般情况下参数在 0.2 至 0.3 之间进行取值。还可以通过在筛选过程中进行判断，由于经验模态分解的算法采用的是三次样条插值拟合，故当信号的极大值个数或者极小值个数小于 2 就停止筛选。

4.3.2 基于 MATLAB 的经验模态分解过程的实现

Matlab 语言具有其他高级语言所不具备的特点，它是"第四代"的计算机语言。与 Fortran 语言和 C 语言等的第三代计算机语言一样，Matlab 语言使人们可以不进行繁重的程序代码的编写。只要简单地调用和使用 Matlab 中丰富的函数即可，同时 Matlab 还具有用户使用方便、交互性好、扩充能力强，语言简单，内涵丰富、方便的矩阵运算、强大的绘图功能等优点。本文采用 Matlab 编程实现经验模态分解的分解，图 4-6 为北京房山（BJFS）从 2000 年至 2004 年总计 5 年共 1826 天的日平均对流层延迟的经验模态分解图。该图验证了 Matlab 的经验模态分解的实现，可以看到图中从上至下依次为原始数据、本征模态函数 IMF1 到 IMF8、趋势项。从图中可以看出，从本征模态函数 IMF4 分量开始就呈现出一定的变化规律，本征模态函数 IMF6、IMF7、IMF8 变化规律已呈现出一定的周期性，对于本征模态函数 IMF6 除了 2001 年下半年和 2002 年上半年，其余的数据都呈现出很好的季节变化趋势，这可能与对流层数据整理时采用的插值方法有关，同时本征模态函数 IMF7 的年周期变化规律十分明显。

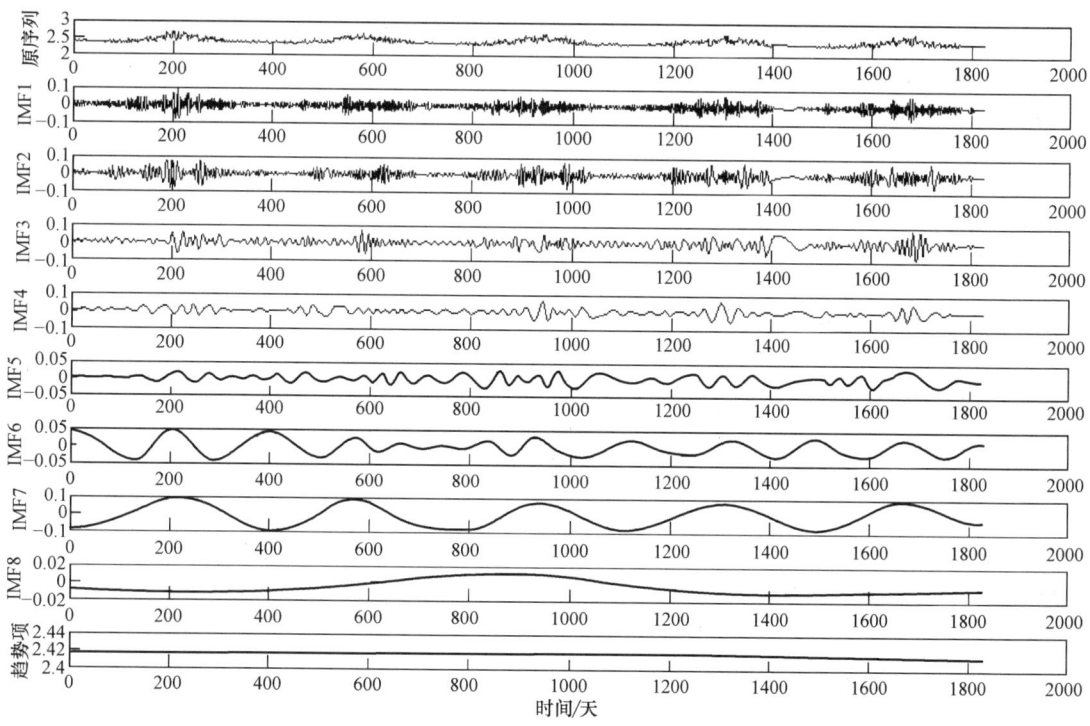

图 4-6 北京房山 GNSS 站日平均对流层延迟经验模态分解

4.3.3 经验模态分解的端点效应

根据上述的算法原理可以看出，经验模态分解过程中最关键的一步是通过三次样条插值对信号的极值点拟合包络线，由于三次样条函数要求信号两端的数据一阶或二阶导数作为其边界的已知条件，但在经验模态的分解过程中是无法直接获得两端点对应的极值，会产生数据的拟合误差，也就导致了端点"飞翼"现象，就是所谓的端点问题。对数据进行延拓可抑制端点"飞翼"的现象，目前的延拓技术主要有神经网络延拓、基于正交多项式拟合算法、波形匹配等方法进行处理，从文献的结果看，效果得到了明显的改善。文中应用具有结构自使用、输入与初始权值无关等特性的径向基神经网络进行了端点问题的处理。利用的神经网络均为径向基神经网络，应用径向基神经网络，要注意散步常数 spread 的选择，因为散步常数 spread 与网络的输出图形有很大关系，spread 较大，则所覆盖的输出区域较大；spread 较小，径向基函数曲线就要相对陡一些。实际运用中要反复调试，以确定合适的散步常数。

在现实世界中的数据序列都含有噪声，在选取的仿真信号中加入 SNR＝10dB 的加性高斯白噪声。先直接对信号进行经验模态分解，然后再选取两种方法进行端点延拓后再进行经验模态分解，以对比对于短期数据序列经验模态分解产生的影响。

选取仿真信号

$$x(t)=0.7\cos\left(\frac{2\pi}{10}t\right)+0.8\cos\left(\frac{2\pi}{30}t\right)+\cos\left(\frac{2\pi}{60}t\right)+0.6\sin\left(\frac{2\pi}{180}t\right)+n(t),t=[5,95]$$

$$(4-2)$$

其中：

$x_1=0.7\cos\left(\frac{2\pi}{10}t\right)$，$x2=0.8\cos\left(\frac{2\pi}{30}t\right)$，$x3=\cos\left(\frac{2\pi}{60}t\right)$，$x4=0.6\sin\left(\frac{2\pi}{180}t\right)$；

$n(t)$ 为噪声

即原始信号

$$x(t)=x_1+x_2+x_3+n(t) \qquad (4-3)$$

图 4-7 为没有延拓的原始信号 $x(t)$ 进行经验模态分解得到的各阶本征模态函数分量与对应的真实信号。细线为本征模态函数分量，点线为真实信号。

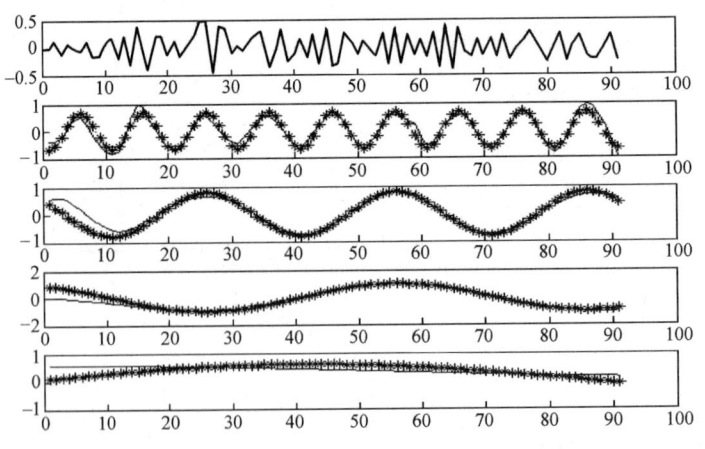

图 4-7　不延拓的各本征模态函数分量与真实信号

由图 4-7 可以看出，噪声作为本征模态函数分量 IMF1 被分解出来，其余分量与对应的真实信号趋势基本一致，在没有对原始信号延拓而直接进行经验模态分解，每个本征模态函数分量与真实信号比较，端部都出现了偏差，尤其是后三阶的 IMF 分量端部的偏差都比较大。

（1）神经网络延拓法

本研究采用的是具有结构自使用、输入与初始权值无关等特性的径向基神经网络，在 Matlab 中的神经网络工具箱中实现。选取仿真信号相邻的 15 个数据作为输入向量，与之相连的 12 个数据作为输出向量样本，即目标向量，这样就形成了一个训练样本，逐个循环，共生成 65 组样本。选取 60 组作为训练样本，选取 5 组为测试样本。具体过程如下：

通过＞＞nntool 命令激活 Network/Data Manager 窗口，如图 4-8 所示。一旦激活了 Network/Data Manager 窗口，就可以输入或者导入已有数据建立神经网络模型，并且对网络进行训练、仿真等。

首先输入或导入输入向量和目标向量，在输入向量和目标向量生成后，将分别显示在 Inputs 区域和 Targets 区域。然后创建神经网络模型，包括设置网络名称、类型以及输入输出向量的范围、各种参数等。文中选取的径向基网络类型，网络创建完成后，通过设置 spread 取 1 到 10 来对网络进行训练，训练过程

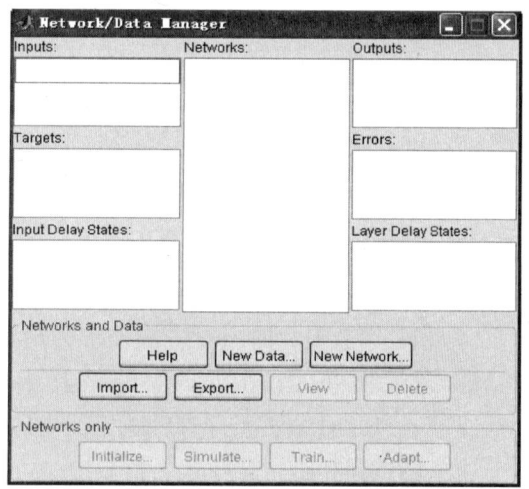

图 4-8　Network/Data Manager 窗口

中，即构造了 10 个径向基网络，选取与测试样本偏差最小的网络对数据进行延拓。

确定好网络后，在数据的两端分别延拓出一个极大值和最小值，与原数据序列连接起来形成新序列。对于径向基神经网络的预测精度，要注意散步函数的选择，因为散步常数 spread 与网络的输出图形有很大关系，spread 较大，则所覆盖的输出区域较大；spread 较小，径向基函数曲线就要相对陡一些。实际运用中要反复调试，以确定合适的散步常数。图 4-9 为经神经网络延拓后的信号进行 EMD 分解得到的各阶 IMF 分量与对应的真实信号。细线为 IMF 分量，点线为真实信号。

从图 4-9 可以看出，经过神经网络延拓后在进行经验模态分解的各本征模态函数分量与真实信号的偏差明显减小，后 3 个本征模态函数分量的端部吻合情况相对于直接进行经验模态分解的端部有了明显改善，特别对于趋势线较好的吻合程度，说明神经网络延拓法在解决端点问题上效果是显著的。

（2）最相似波形匹配延拓法

最相关匹配延拓法的具体算法如下：设原始信号为 $x(t)$：

1）从左到右标记信号 $x(t)$ 的所有极大值点依次为：M_1，M_2，$\cdots M_K$，对应时间序列 T_{M1}，T_{M2}，$\cdots T_{Mk}$，所有极小值点为：N_1，N_2，$\cdots N_K$；对应时间序列 T_{N1}，T_{N2}，$\cdots T_{Nk}$，记信号 $x(t)$ 左端点为 x_1，对应时间序列 T_1。从 x_1 到 N_1 的这段波形记为 ω_1，设其长度为 N，从 x_1 到 M_1 的长度记为 M（假设先有极大值后有极小值），即 $N>M$。

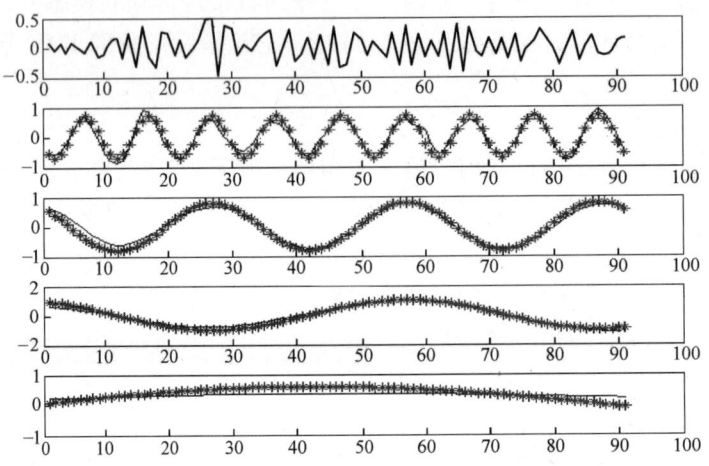

图 4-9 神经网络延拓的各本征模态函数分量与真实信号

2) 令波形 ω_1 以 T_{M1} 为参考点在 T_{M2}，$\cdots T_{Mk}$ 中向右移动，所移之处 T_{M1} 分别与 T_{M2}，$\cdots T_{Mk}$ 重合，分别计算 ω_1 与其重合的相同长度的波形的相关系数。

3) 取相关系数最大时所对应的波形为最相似匹配波形，记此时 M_1 所对应的局部极大值 M_p，然后计算出 M_1 与 M_p 的差值 η，则 x_1 对应的时间序列应为 $T_p = T_{Mp} - (T_{M1} - T_1)$，自时间序列 T_{p-1} 的实际波形数据逐次的加上差值 η 向左延拓，延拓长度一般都根据实际的需要进行选择，若信号中 x_p 前的数据点个数小于实际需要，那么反复延拓这段波形。

4) 信号右端点的延拓也同理。相关系数一般取 0.9 以上，如果不满足要求，可直接在端点处添加邻近三个极大值点的平均值作为端点处极大值，邻近三个极小值点的平均值作为端点处极小值解决。

图 4-10 为最相关匹配延拓后的信号进行经验模态分解得到的各阶本征模态函数分量与对应的真实信号。细线为本征模态函数分量，点线为真实信号。

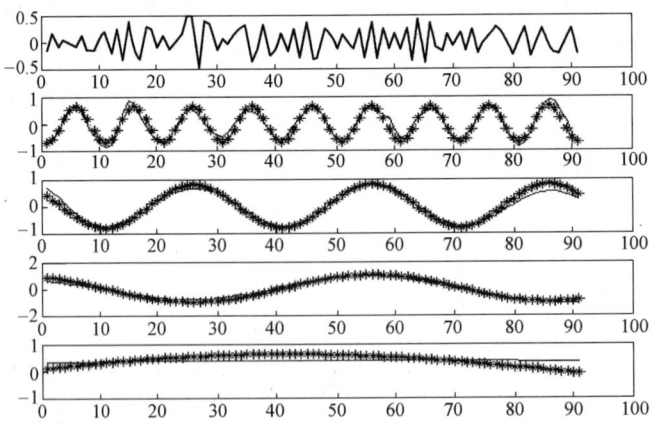

图 4-10 最相关匹配延拓的各本征模态函数分量与真实信号

由图 4-10 可见，各本征模态函数分量与真实信号的偏差较小，对于趋势线，吻合程度也很好，说明最相关匹配延拓法与神经网络延拓法在解决端点问题上效果都是显著的。为了更好地评定这两种解决端点的方法，表 4-1、表 4-2 分别给出了直接进行经验模态分解与经过端点处理的分量与对应的真实信号的相关性及均方根误差（不包括本征模态函数分量 IMF1）。

相关性对比　　　　　　　　　　　　　　　　　　表 4-1

方　　法	IMF2	IMF3	IMF4	趋势项
直接经验模态分解	0.719	0.961	0.925	0.43
神经网络延拓后经验模态分解	0.955	0.984	0.983	0.97
最相关匹配延拓后经验模态分解	0.953	0.976	0.985	0.962

均方根误差对比　　　　　　　　　　　　　　　　表 4-2

方　　法	IMF2	IMF3	IMF4	趋势项
直接经验模态分解	0.221	0.168	0.102	0.222
神经网络延拓后经验模态分解	0.126	0.134	0.077	0.12
最相关匹配延拓后经验模态分解	0.175	0.154	0.091	0.112

从图 4-9、图 4-10 以及表 4-1、表 4-2 可以看出，神经网络延拓和最相关匹配延拓均能很好地解决端点问题，两种解决端点效应的方法其分量与真实信号的相关性都达到 0.95 以上，这两种延拓方法得到的分量与真实信号的均方根最大为 0.175，均比直接进行经验模态分解的相关性高、均方根小，其中基于神经网络的延拓方法的相关性较高、均方根较小。

4.3.4　基于仿真信号的预测分析

针对加入噪声的仿真信号式（4-2），对在进行神经网络延拓法和最相关匹配延拓法后经过 EMD 得到的各个分量、原数据分别进行径向基函数神经网络预测，然后对每一种延拓方法的各个分量预测值进行重构，与直接进行神经网络预测的预测值进行对比，得到基于经验模态分解与神经网络的预测值、直接进行神经网络的预测值分别与真实数据的偏差。从表 4-3 可以看出基于神经网络的延拓的效果最好，平均误差为 0.45。

数据对比　　　　　　　　　　　　　　　　　　　表 4-3

序列	直接预测误差	神经网络延拓误差	最相关匹配延拓误差
1	2.1	0.164	0.053
2	1.256	0.386	0.006
3	2.002	0.219	0.208
4	3.389	0.136	0.133
5	2.878	0.273	0.159
6	1.656	0.271	0.515
7	1.611	0.389	0.991
8	1.886	0.455	0.845
9	1.445	1.06	1.883
10	2.25	1.18	2.333
11	1.682	0.709	1.771
12	3.171	0.153	1.137
均差	2.073	0.45	0.836

经过神经网络延拓和最相关匹配延拓（即经验模态分解）后再预测的结果明显好于直接预测的结果，虽然个别值的误差较大（如表 4-3 中的 9 点），但两种方法的大多数单个误差均高于直接预测的结果，而且两种方法达到的最大误差不超过 2.4，直接预测的最大误差达到了 3.17。可以看出基于神经网络延拓的方法，不管是表 4-1、表 4-2 中经验模态分解过程中的端点问题解决后各本征模态函数分量和趋势项与真实信号的相关性、均方根，还是表 4-3 中预测再重构的最终序列与真实信号的差值，效果都是最好的，可以说在解决端点问题上找到一种很好的方法，将神经网络延拓法应用到 GPS 可降水量序列。

4.3.5　基于经验模态分解与神经网络的 GNSS 水汽预测

（1）GNSS 水汽预测流程

以秦皇岛的 GNSS 观测资料及气象资料作为研究对象，利用经验模态分解与神经网络技术相结合进行 GNSS 水汽的预测，GNSS 水汽预测流程如下：

1）GNSS 水汽序列的解算，该过程由高精度 GNSS 数据处理软件 GAMIT/GLOBK 解算 GNSS 观测数据反演对流层延迟，并结合气象要素得到测站 GNSS 水汽序列；

2）对 GNSS 水汽序列进行经验模态分解。先解决经验模态分解中的端点问题，然后利用经验模态分解方法对 GNSS 水汽时间序列进行分解，产生多个本征模态函数 IMF 及趋势项；

3）基于经验模态分解和神经网络的 GNSS 水汽序列预测。对各个 IMF 分量及趋势项分别用神经网络进行预测，所有的预测值重构出信号的预测序列，该过程还需考虑预测时效问题，最大限度地满足气象业务的需要；

4）基于经验模态分解与神经网络预测的 GNSS 水汽序列的检验。通过与单一的神经网络预测的 GNSS 水汽序列进行比较，检验经验模态分解与神经网络预测的 GNSS 水汽序列的可靠性。

（2）GNSS 水汽序列的经验模态分解及端点效应去除

利用 matlab 编程实现 GNSS 水汽的经验模态分解，经验模态分解过程如下：

1）取原始 GNSS 水汽信号设为 $x(t)$，根据可降水量算法把信号中所有的局部极大值用 3 阶样条曲线连接起来，得到上包络线，同样的方法把局部极小值也连接起来，得到下包络线。用原信号 $x(t)$ 减去上下包络线的均值 m_1，生成一个新信号 h_1，即 $x(t) - m_1(t) = h_1(t)$。

2）进行第一次筛选得到的 h_1 一般不符合 IMF 的要求。那么第二次筛选就把 h_1 作为"原始"系列重复第一次的筛选做法，得到 h_{11}，即 $h_1 - m_{11} = h_{11}$。一直筛选下去，如果第 k 次筛选的结果符合要求，就得到第一个 IMF 分量 C_1，即 $h_{1k} = h_{1(k-1)} - m_{1k} = C_1$。

3）接下来把 C_1 从原序列中分离出去，对剩余的新序列进行上述的筛选过程，得到 $C_2 \cdots C_n$。假设共找到 n 个 IMF 和剩余分量 r（代表信号的趋势）。检查是否满足分解停止条件，若满足，则 $x(t)$ 等于 n 个 IMF 和 r 之和，筛选结束的标准是 IMF 或 r 足够小，或是 r 一个单调函数。

为了减少提取 IMF 的筛选步骤，定义了 SD 参数，SD 表示为：

$$SD = \sum_{t=0}^{T} \left[\frac{|h_{1(k-1)}(t) - h_{1k(t)}|^2}{h_{1(k-1)}^2(t)} \right], k = 1, 2, \cdots \tag{4-4}$$

当 SD 小于某一常数时停止筛选，一般 SD 的值在 0.2 至 0.3 之间。由于无法判断信号的端点处是不是极值，进行三次样条插值时会将误差向数据内部扩散，影响数据的低频部分，也就是所谓的端点问题。通过基于正交多项式拟合算法、神经网络延拓等方法可以较好地解决 EMD 端点问题。本书采用径向基函数神经网络处理端点问题，径向基函数网络应用时要注意散步常数 spread 的选择，因为散步常数 spread 与网络的输出图形有很大关系，spread 较大，则所覆盖的输出区域较大；spread 较小，径向基函数曲线就要相对陡一些。实际运用中根据每次训练时取 spread 值从 1 到 10 进行调试，即构造 10 个径向基网络，根据得到的模拟样本与目标向量的偏差，选取偏差最小的网络作为最佳的网络，所对应的散步函数就是最合适的散步常数，然后再进行相关预测。图 4-11 为秦皇岛 GNSS 水汽的经验模态分解结果，数据时间为 2007 年 7 月 27 日 15 点到 7 月 28 日 15 点，GNSS 水汽采样率为 15min，（a）为无端点处理的经验模态分解结果；（b）为经过端点处理的经验模态分解结果。

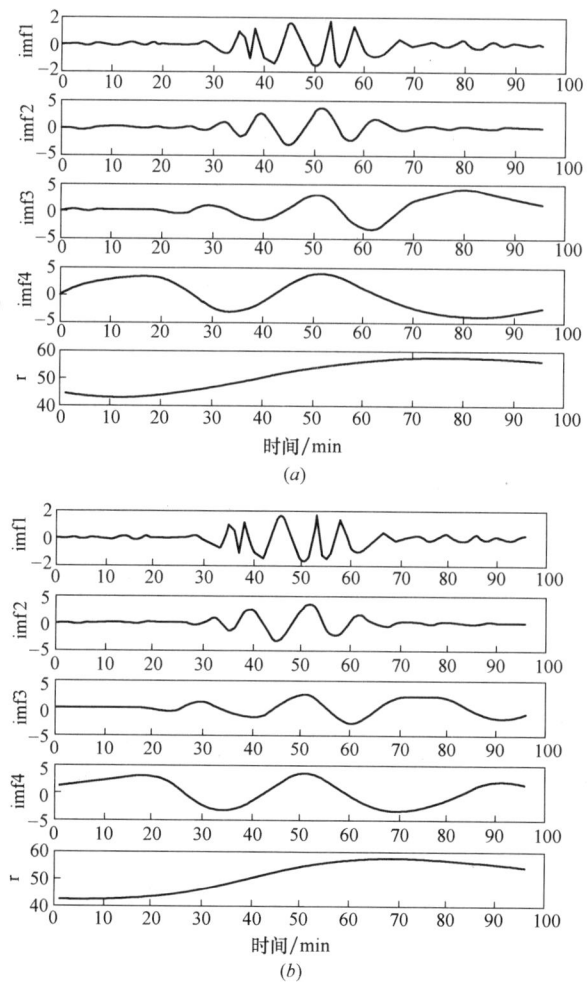

图 4-11　经验模态分解 GNSS 水汽

由图 4-11 可见，径向基函数神经网络端点处理的 IMF3 有明显改善，IMF3 的频率更加稳定有规律，同时 IMF2 也变得更稳定，经端点效应去除的经验模态分解结果对于神经网络的预测提供了规律性很好的学习样本。

（3）经验模态分解与神经网络预测 GNSS 水汽

实验数据为秦皇岛 2007 年 7 月 GNSS 水汽序列，该序列可以通过 GAMIT 软件处理 GNSS 数据结合气象数据获得，通过设置对流层延迟解算数目，可以每 15min 计算一个对流层延迟。图 4-12 为 1h 与 15min 的 GNSS 水汽比较，由图 4-12 看出，相对于 1h 的 GNSS 水汽，15min 的数据更能表现 GNSS 水汽的细节变化。

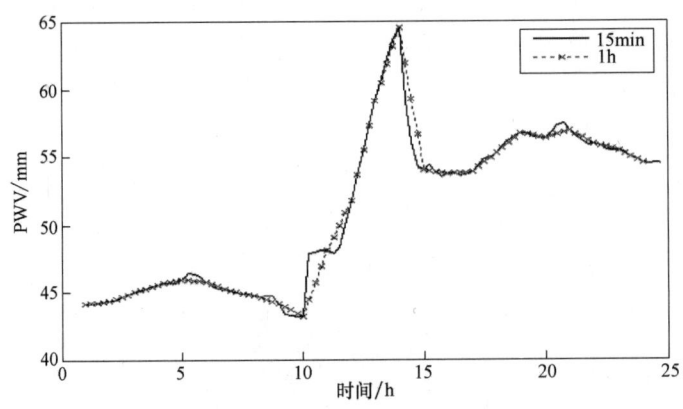

图 4-12　15min 与 1h 的 GNSS 水汽比较

选取变化较大和变化较小的两组 GNSS 水汽进行经验模态分解与径向基神经网络预测，两组数据时间分别为 2007 年 7 月 27 日 15：00 至 7 月 28 日 15：00（变化较大），2007 年 7 月 16 日 0：00 到 7 月 17 日 0：00（变化较小）。

基于经验模态分解与径向基神经网络的 GNSS 水汽预测过程如下：

1）采用经验模态分解将选取好的并经过端点问题处理的 GNSS 水汽序列分解为不同尺度的 IMF 和趋势项，各 IMF 分量包含信号从高频到低频的不同频率段的平稳成分。预测样本选取的是 24 个 h 的可降水量数据，采样频率为 15min，共 96 个数据。

2）将各 IMF 分量、趋势项和 GNSS 水汽数据分别进行径向基神经网络预测。为考虑预测时效问题，分为输出 12 和 8 个神经元两种网络模型。对于输出为 12 个神经元的网络模型，样本的 96 个点，依次取 15 个点作为网络输入，紧接着的 12 个点作为网络输出，形成 70 组样本，前 50 组为训练样本，后 20 组为检验样本；对于输出为 8 个神经元的网络模型，依次取 15 个点作为网络输入，紧接着的 8 个点作为网络输出，形成 74 组样本，前 54 组为训练样本，后 20 组为检验样本。由于散步函数与输出图形关系密切，每个数据序列所采用的散步函数有所不同，实际应用中要根据样本的不同反复调试，找到合适的散步函数，从而达到最佳预测效果。

3）用各分量的预测值重构出 GNSS 水汽预测序列。

（4）可降水量预测时效分析

为验证经验模态分解与神经网络方法用于 GNSS 水汽预测结果的可靠性，将经验模态分解与神经网络预测的 GNSS 水汽和直接应用神经网络进行预测的 GNSS 水汽序列、实际的 GNSS 水汽数据进行对比。图 4-13～图 4-16 分别为变化较小 GNSS 数据的 2h

GNSS 水汽、变化较大 GNSS 数据的 2h GNSS 水汽、变化较小 GNSS 数据的 3h GNSS 水汽和变化较大 GNSS 数据的 3h GNSS 水汽比较。

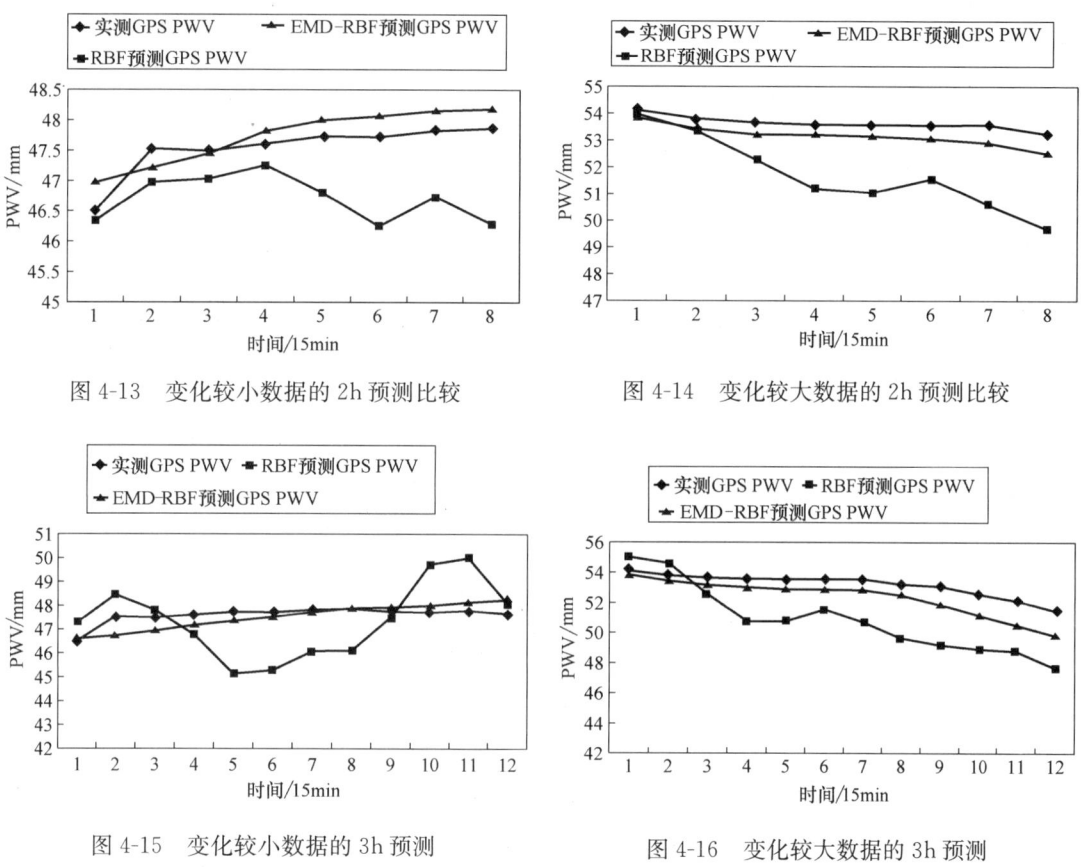

图 4-13　变化较小数据的 2h 预测比较　　　　图 4-14　变化较大数据的 2h 预测比较

图 4-15　变化较小数据的 3h 预测　　　　图 4-16　变化较大数据的 3h 预测

　　从图 4-13～图 4-16 可看出，经验模态分解与神经网络预测的 GNSS 水汽与实测 GNSS 水汽比较接近，经验模态分解与神经网络预测的 GNSS 水汽效果优于径向基神经网络直接预测的 GNSS 水汽。对于变化较大的 GNSS 水汽序列，经验模态分解与神经网络 3h 预测结果与实测 GNSS 水汽的平均偏差为 0.86mm，2h 的平均偏差为 0.48mm，而径向基神经网络直接预测的 GNSS 水汽与实测 GNSS 水汽的平均偏差分别为 2.64mm 和 1.94mm；变化较小的 GNSS 水汽序列，经验模态分解与神经网络 3h 预测结果与实测 GNSS 水汽的平均偏差为 0.34mm，两 h 的平均偏差为 0.29mm，而径向基神经网络直接预测的 GNSS 水汽与实测 GNSS 水汽的平均偏差分别为 1.36mm 和 0.82mm。

两种预测方法比较 表 4-4

试验样本	预测时效	EMD-RBF 预测的 PWV 与实测 GNSS PWV 的差值均方根误差/mm	RBF 预测的 PWV 与实测 GNSS PWV 的差值均方根误差/mm
波动较大的可降水量序列	2h 预测	0.48	1.94
	3h 预测	0.86	2.64
波动较小的可降水量序列	2h 预测	0.29	0.82
	3h 预测	0.34	1.36

由图 4-13～图 4-16 和表 4-4 可知，EMD RBF 预测的 GNSS PWV 与实测 GNSS PWV 基本一致，预测时效可达 2～3h。该研究结果对于 GNSS PWV 在短期天气预报中的应用具有较好的应用价值。

4.4　本章小结

本章为 GNSS 技术用于城市暴雨监测研究，通过 GNSS 水汽和实际降水过程的对比，利用 GNSS 技术验证了城市水汽通道研判。针对 GNSS 水汽获取的准实时或滞后问题，本章还开展了利用经验模态分解与神经网络相结合的方法进行 GNSS 水汽的预测，在保证精度的基础上，对水汽的预测时效进行了延拓。本章主要结论如下：

（1）GNSS 水汽序列在降水过程发生之前都有一个快速上升的变化过程，GNSS 水汽的上升时间与增幅大小对应于水汽累积；GNSS 水汽上升到顶峰后，开始下降，此时一般对应有降水过程的发生，降水量的多少与降水时间长短，与水汽积累有关。暴雨的发生需要大量水汽支持，GNSS 水汽在降水过程之前的快速上升和峰值区长时间徘徊，反映大量水汽的辐合过程。

（2）利用北京市 GNSS 水汽资料研究北京的夏季水汽输送特征，由此判别北京的夏季水汽通道与 GNSS 水汽空间变化是否一致。通过 GNSS 水汽峰值时间的差异，判断北京夏季水汽通道为从西南到东北的方向，这与北京夏季降水实际情况相符。根据这一结论，利用 GNSS 连续观测网水汽序列的变化结合水汽通道信息，可以进行强降水过程的暴雨预警。

（3）经验模态分解与神经网络预测的 GNSS 水汽与实测 GNSS 水汽比较接近。对于变化较大的 GNSS 水汽序列，经验模态分解与神经网络 3h 预测结果与实测 GNSS 水汽的平均偏差为 0.86mm，2h 的平均偏差为 0.48mm；变化较小的 GNSS 水汽序列，经验模态分解与神经网络 3h 预测结果与实测 GNSS 水汽的平均偏差为 0.34mm，两 h 的平均偏差为 0.29mm。EMD RBF 预测的 GNSS PWV 与实测 GNSS PWV 基本一致，预测时效可达 2～3h。该研究结果对于 GNSS PWV 在短期天气预报中的应用具有较好的应用价值。

第 5 章　GNSS 用于短期气候变化研究

水汽及其变化是天气和气候的主要驱动力，是预测降水、中小尺度恶劣天气以及全球气候变化的一个非常重要的物理量，作为一种很重要的温室气体，影响地气系统的能量平衡，从而对气候产生影响。水汽（可降水量）可以由 GNSS 天顶对流层延迟结合气象要素（气压、温度）经过一定的转换得到。目前全球性、国家级和省市级 GNSS 连续观测网络运行超过 15 年，积累了一定时间的历史数据，如何利用历史 GNSS 水汽数据开展短期气候变化研究具有重要的研究和应用价值。本章采用 2000～2004 年的中国地壳运动监测网络 GNSS 数据和气象数据，解算出各 GNSS 测站的水汽，以可降水量序列进行不同气候类型的比较研究，并利用经验模态分解方法获得 GNSS 水汽的趋势项，对趋势项进行分析。

5.1　中国地壳运动监测网络的数据解算与可靠性比较

5.1.1　数据解算

中国地壳运动监测网络的 GNSS 数据解算，采用 GAMIT/GLOBK 10.4 软件，星历采用 IGS（International GNSS Service）提供的精密星历，GNSS 数据采样间隔 30s，每天的观测时间为 UTC 时间 00：00～24：00，天顶对流层延迟按小时估算，卫星截止高度角为 10 度，基线解算模式为 RELAX，按天解算，GAMIT 软件估算天顶对流层延迟采用的气象参数采用默认标准值。在用 GAMIT 处理 GNSS 数据时，GNSS 网内应具有大于 500km 长度的基线，这样得到的天顶对流层延迟是独立的估计值；否则，结果存在偏差，该偏差对于整个 GNSS 网而言为一个常数，从而得到的天顶对流层延迟为测站间的相对估计值[59,60]。中国地壳运动监测网络的基线大多满足此要求，因而解算出来的天顶对流层延迟为绝对估计值。对 2000～2004 年的中国地壳运动监测网络数据进行处理，提取 2000～2004 年各测站的天顶对流层延迟时间序列。

5.1.2　GNSS 天顶对流层延迟解算结果的可靠性验证

IGS 不仅提供精密、快速、快速预报等星历、IGS 站点观测数据，还提供测站天顶对流层延迟处理结果。IGS 提供了从 1997 年至 2007 年的天顶对流层延迟解算结果，作者从 IGS 下载了国内 IGS 站点天顶对流层延迟，BJFS、LHAS、SHAO、WUHN 四个站点数据较连续，图 5-1 为国内 IGS 站点天顶对流层延迟序列。

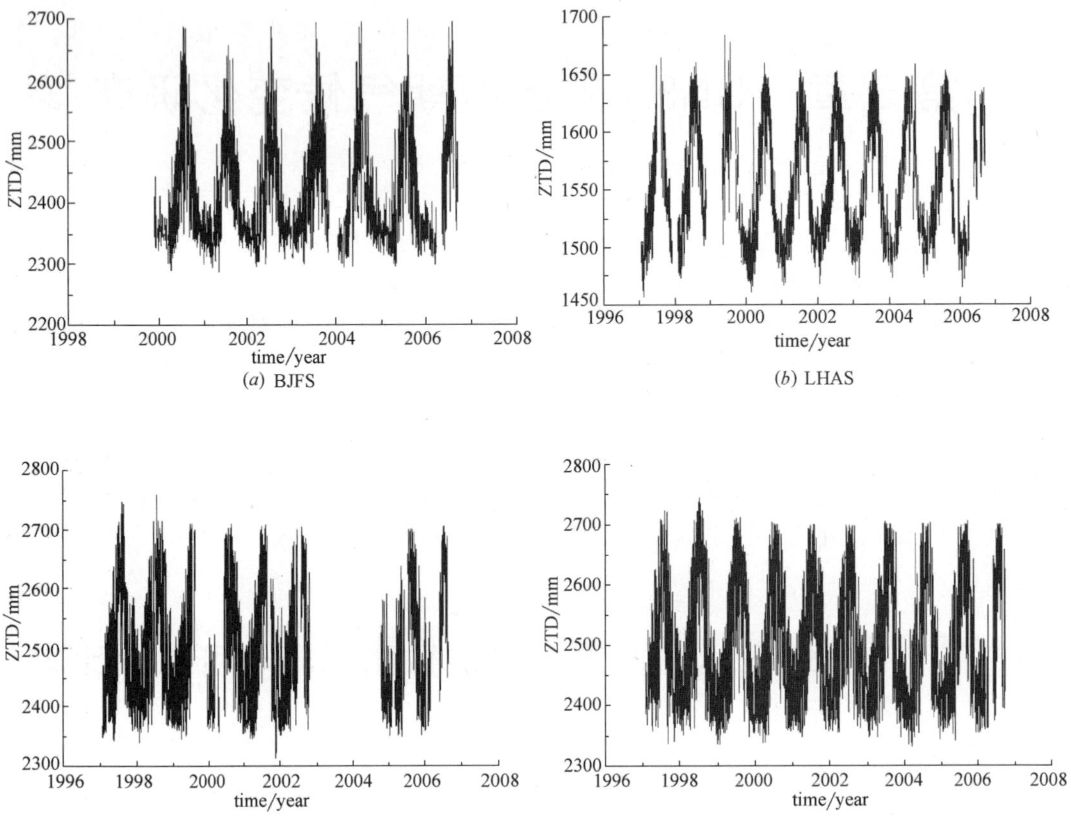

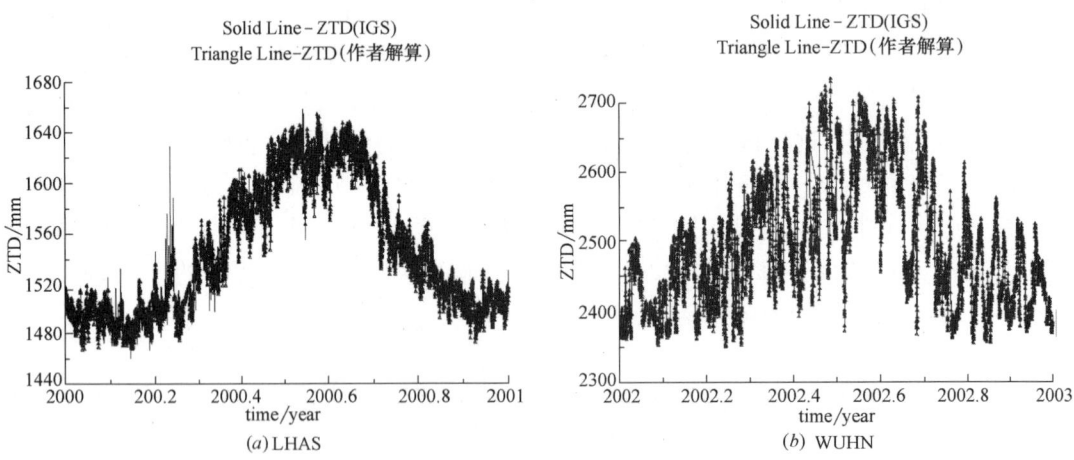

(*a*) BJFS　(*b*) LHAS　(*c*) SHAO　(*d*) WUHN

图 5-1　IGS 站点天顶对流层延迟

(*a*) LHAS　(*b*) WUHN

图 5-2　中国地壳运动监测网络解算天顶对流层延迟与 IGS 天顶对流层延迟比较

(注：(*a*) 为由作者解算的 2000 年 LHAS 站天顶对流层延迟与 IGS 提供的天顶对流层延迟比较，(*b*) 为由作者解算的 2002 年 WUHN 站天顶对流层延迟与 IGS 提供的天顶对流层延迟比较，实线为 IGS 提供的天顶对流层延迟，三角形曲线为作者利用中国地壳运动监测网络解算的天顶对流层延迟。)

由图 5-1 可以看出，天顶对流层延迟呈现明显的年周期变化趋势，在每年的开始和末尾天顶对流层延迟处于低值，在年中时天顶对流层延迟处于峰值。由于纬度、海拔的不同，BJFS、LHAS、SHAO 的天顶对流层延迟差别较大，SHAO 与 WUHN 天顶对流层延迟接近是由于两者的纬度和海拔接近的缘故。

为了验证中国地壳运动监测网络估算的天顶对流层延迟的正确性及精度，中国地壳运动监测网络包含多个 IGS 站点，IGS 分析中心提供的天顶对流层延迟具有很好的精度，将解算的天顶对流层延迟与 IGS 提供的天顶对流层延迟相比较，验证解算结果的正确性。图 5-2 为中国地壳运动监测网络与 IGS 天顶对流层延迟的比较。

由图 5-2 可以看出，基于中国地壳运动监测网络的天顶对流层延迟与 IGS 提供的天顶对流层延迟基本一致，说明基于中国地壳运动监测网络解算的天顶对流层延迟是正确可靠的，可以用于气候变化研究。

5.2　基于不同气候类型的 GNSS 水汽比较

在提取解算的测站天顶对流层延迟的基础上，获取中国地壳运动监测网络 GNSS 站点的气压、温度数据，利用 Black 模型计算静力学延迟，由天顶对流层延迟减去静力学延迟获得湿延迟，湿延迟乘以 0.15 即可获得相应的水汽值。

中国的气候类型可以分为五种类型，分别是热带季风气候、亚热带季风气候、温带季风气候、温带大陆性气候和青藏高原高寒气候。

根据五种气候类型覆盖的区域范围，把中国地壳运动监测网络的 28 个 GNSS 站点进行分类。分类情况如下（括号内站点为没有气象数据）：

热带季风气候：QION，（YONG）；

亚热带季风气候：LUZH，WUHN，SHAO，KMIN，GUAN，XIAM，（WHJF，XIAG）；

温带季风气候：HLAR，CHUN，BJFS，XIAA，YANC，（HRBN，SUIY，BJSH，JIXN，TAIN，ZHNZ）；

温带大陆性气候：URUM，（TASH，WUSH，DXIN）；

青藏高原高寒气候：DLHA，XNIN，LHAS。

5.2.1　热带季风气候

由图 5-3 可以看出，测站 GNSS 水汽以年为周期变化，水汽变化值为 10～70mm，水汽平均值为 41mm，水汽值在 50mm 以上的时间为 110 日，GNSS 水汽序列的波形变化平缓，峰值持续时间长。热带季风气候的特点是全年高温，降水集中在 6 到 10 月。QION 站 GNSS 水汽的变化规律与热带季风气候的特点是吻合的。

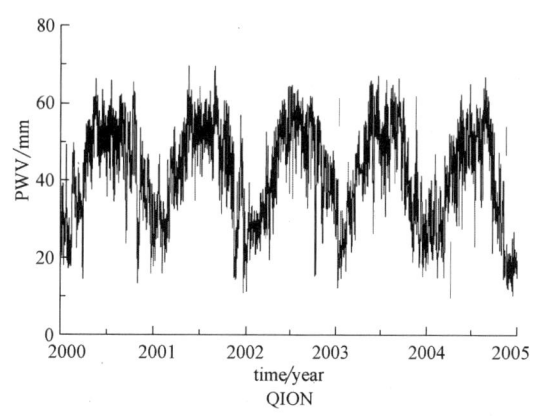

图 5-3　热带季风气候类型的 GNSS 水汽

5.2.2　亚热带季风气候

亚热带季风气候覆盖范围为北纬 25°～35°之间，中国地壳运动监测网络 LUZH，WUHN，SHAO，KMIN，GUAN，XIAM，（WHJF，XIAG）属于该气候类型。KMIN 与其他几个测站不同在于，它属于高海拔区域，高程接近 2000m。KMIN 站的 GNSS 水汽最大值只有 40mm，远低于同气候区域的其他站的 GNSS 水汽最大值 70mm，水汽与高程关系密切，在纬度大致相当的情况下，GNSS 水汽与测站高程成反相关，高程越大，GNSS 水汽越小（图 5-4）。

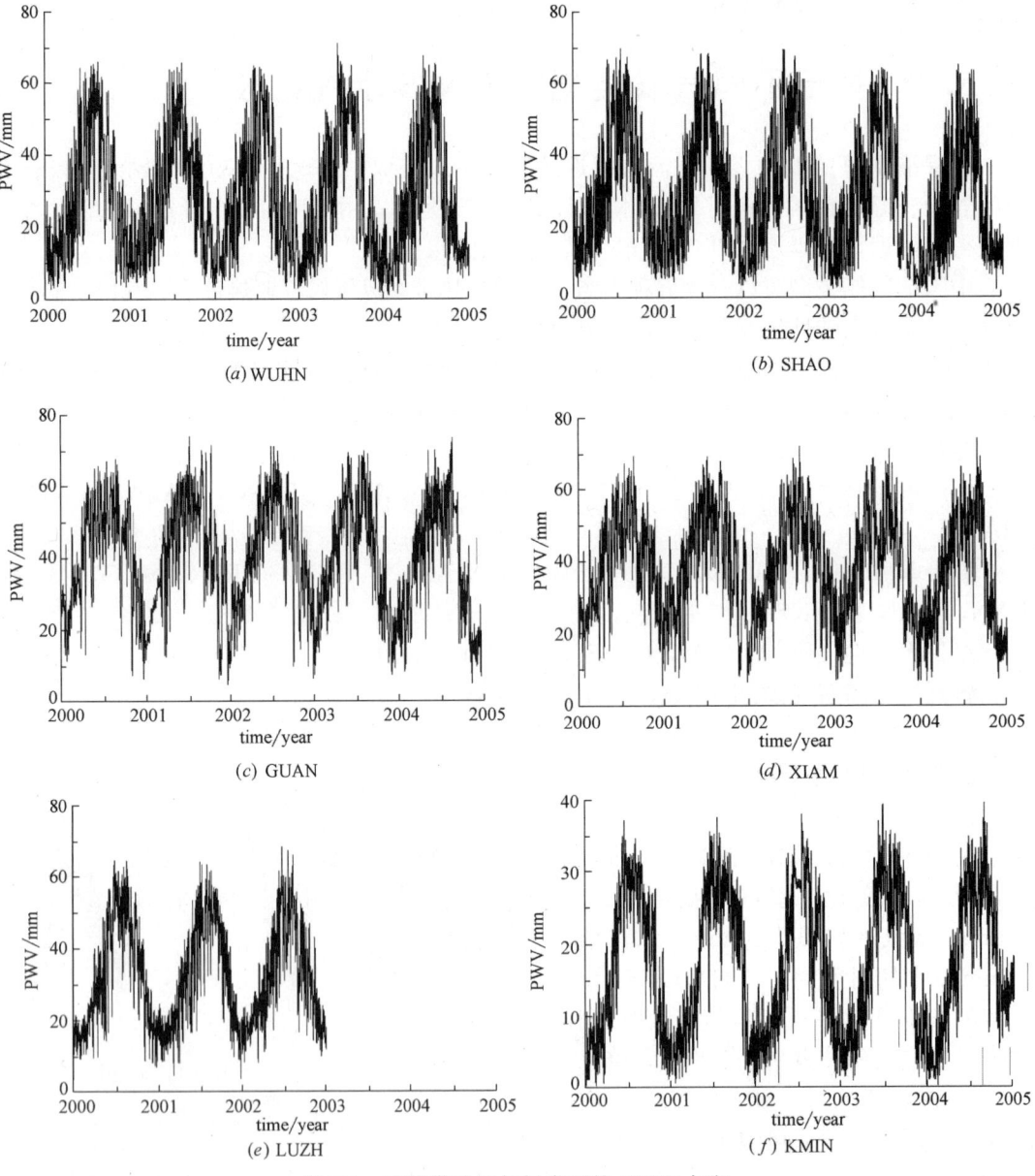

图 5-4　亚热带季风气候类型的 GNSS 水汽

由图 5-4 可以看出,亚热带季风气候类型的 GNSS 水汽序列的波形变化小,较为平缓,峰值持续时间长。WUHN 站 GNSS 水汽变化值为 1~70mm,平均值为 28mm,一年中水汽大于 50mm 的时间为 50 日;SHAO 站 GNSS 水汽变化值为 1~69mm,平均值为 28mm,一年中水汽大于 50mm 的时间为 48 日;GUAN 站 GNSS 水汽变化值为 4~74mm,平均值为 40mm,一年中水汽大于 50mm 的时间为 102 日;XIAM 站 GNSS 水汽变化值为 5~74mm,平均值为 38mm,一年中水汽大于 50mm 的时间为 88 日;LUZH 站 GNSS 水汽变化值为 3~69mm,平均值为 32mm,一年中水汽大于 50mm 的时间为 58 日;KMIN 站 GNSS 水汽变化值为 0~40mm,平均值为 17mm,一年中水汽大于 27mm 的时间为 74 日。从图 4-4 的比较可看出,GUAN 和 XIAM 两站 GNSS 水汽变化与热带季风气候类型的 QION 站相似,水汽峰值时间长,不同于亚热带季风气候地区的其余四个站点。

5.2.3 温带季风气候

温带季风气候覆盖范围在北纬 35°~55° 的亚欧大陆东岸,与热带、亚热带季风气候的水汽相比,温带季风气候的水汽较小,原因在于该区域的温度低于热带、亚热带,而纬度高于这两个区域,而水汽的大小与温度成正相关,与纬度成反相关。

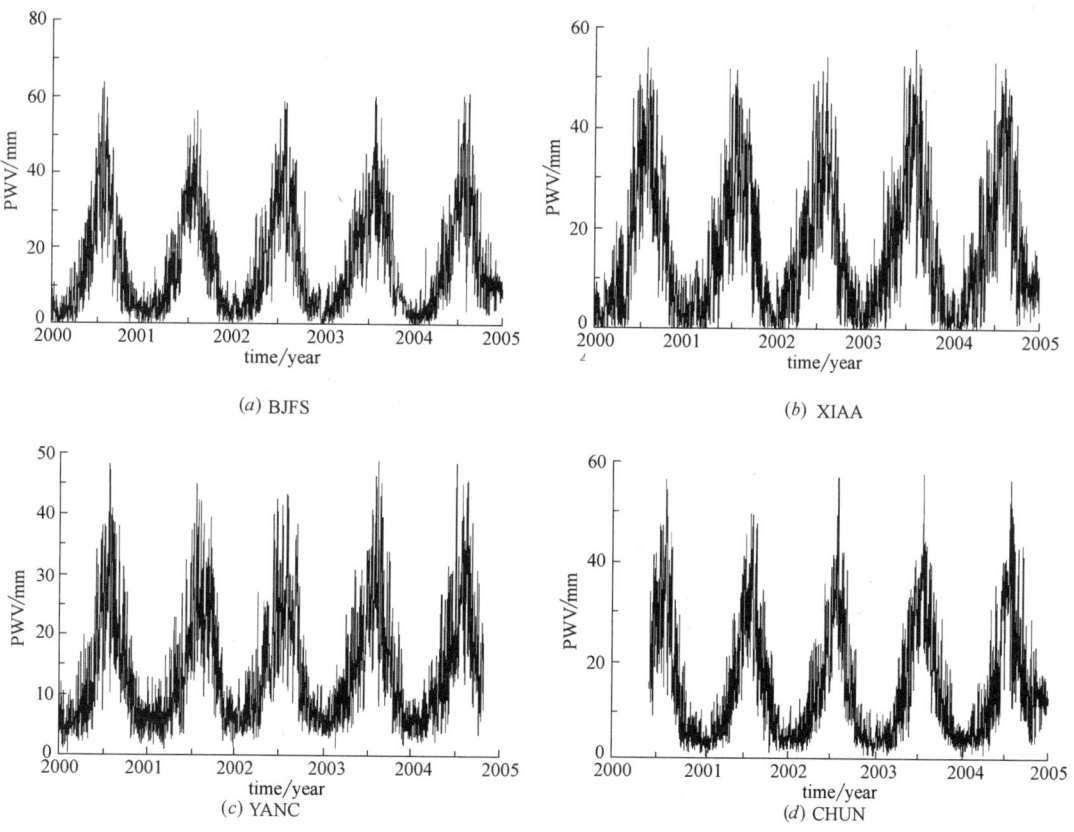

图 5-5 温带季风气候类型的 GNSS 水汽

73

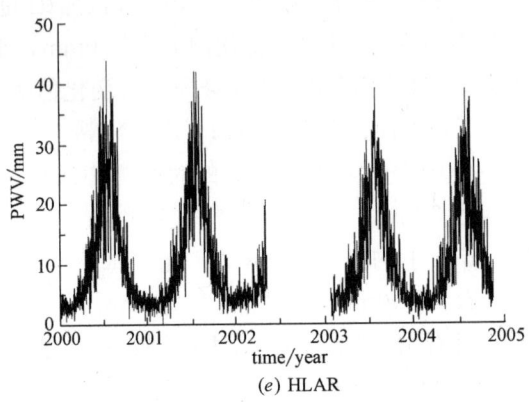

(e) HLAR

图 5-5　温带季风气候类型的 GNSS 水汽（续）

从图 5-5 可以看出，BJFS 站 GNSS 水汽变化值为 0～64mm，平均值为 16mm，一年中水汽大于 40mm 的时间为 21 日；XIAA 站 GNSS 水汽变化值为 0～56mm，平均值为 17mm，一年中水汽大于 40mm 的时间为 22 日；YANC 站 GNSS 水汽变化值为 0～49mm，平均值为 14mm，一年中水汽大于 30mm 的时间为 23 日；CHUN 站 GNSS 水汽变化值为 0～58mm，平均值为 14mm，一年中水汽大于 35mm 的时间为 21 日；HLAR 站 GNSS 水汽变化值为 0～44mm，平均值为 10mm，一年中水汽大于 27mm 的时间为 20 日。温带季风气候类型 GNSS 站点的水汽波形变化大，峰值持续时间短，GNSS 水汽序列的变化与温带季风气候的特点是一致的。

5.2.4　温带大陆性气候

中国地壳运动监测网络属于温带大陆性气候的测站包括 URUM，（DXIN，TASH，WUSH），该区域测站的特点是高程较大，与温带季风性气候测站相比，两区域的纬度相当，但是高程差别较大，因而温带大陆性气候的水汽小于温带季风性气候的水汽。

从图 5-6 可以看出，URUM 站 GNSS 水汽变化值为 0～38mm，平均值为 12mm，一年中水汽大于 25mm 的时间为 23 日。URUM 站 GNSS 水汽的波形变化小，峰值持续时间短。

5.2.5　青藏高原高寒气候

青藏高原高寒气候的特点是日照强烈，气温低，变化大，降水稀少，地高天寒。该区域的高程大，温度低，导致该区域的水汽明显低于其他气候区域的水汽。

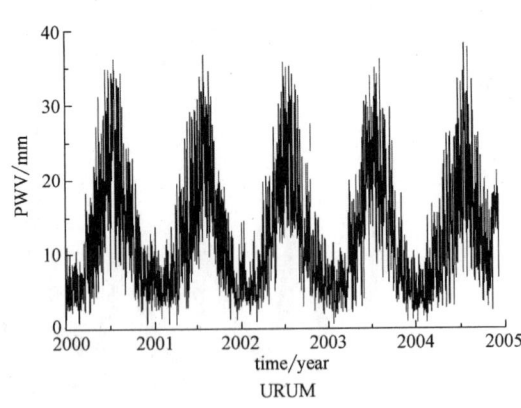

URUM

图 5-6　温带大陆性气候类型的 GNSS 水汽

从图 5-7 看出，DLHA 站 GNSS 水汽变化值为 0～30mm，平均值为 7mm，一年中水汽大于 15mm 的时间为 35 日；XNIN 站水汽变化值为 0~33mm，平均值为 9mm，一年中水汽大于 15mm 的时间为 65 日；LHAS 站 GNSS 水汽变化值为 0~30mm，平均值为 10mm，一年中水汽大于 17mm 的时间为 73 日。该区域气候类型的水汽的波形变化小，平缓，峰值持续时间长。

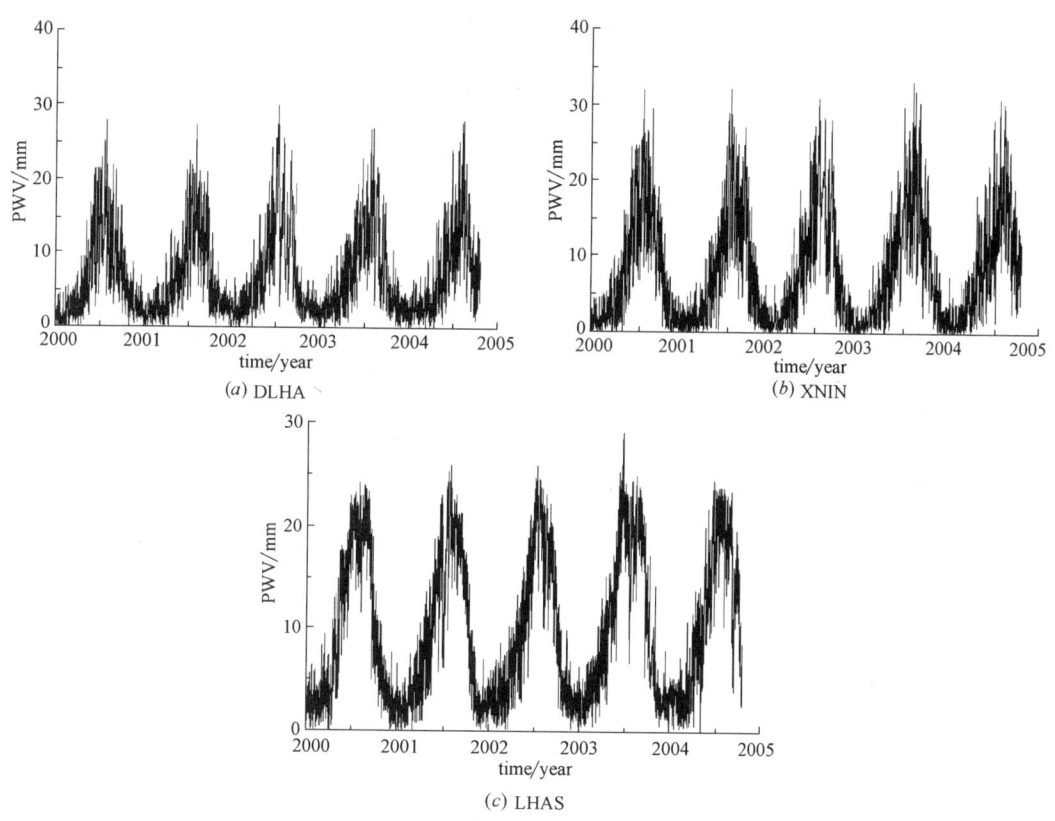

图 5-7 青藏高原高寒气候类型的 GNSS 水汽

　　由以上五个气候类型的 GNSS 水汽比较看出，各气候类型的水汽存在较大的差异，水汽序列峰值持续时间长短也差别很大。纬度、大气环流、海陆分布和地形是影响气候的主要因素，也是影响水汽变化的重要因素。

　　纬度位置是影响气候的基本因素。纬度不同的地方，各地方的太阳高度角不同，接受太阳光热的多少就不一样，气温的高低也相差悬殊。各地区所处的纬度位置不同，是造成各地气温不同的主要原因。

　　大气环流是形成各种气候类型和天气变化的主要因素，是大气中热量、水汽等输送和交换的重要方式。大气环流对气候的影响显著，上升气流和从低纬度流向高纬度的气流，气温由高变低，水汽容易凝结，降水机会较多；下沉气流和从高纬度流向低纬度的气流，气温由低变高，水汽不易凝结，降水机会就少。在不同气压带和风带控制下，气候特征，尤其是降水的变化有显著的差异。

　　海陆分布改变了气温和降水的地带性分布。在海洋或近海的地区，气温的日变化和年变化较小，降水比较丰富，降水的季节分配也比较均匀，多形成海洋性气候。在相同的纬度，处于同一气压带或风带控制之下的地区，由于所处的海陆位置不同，形成的气候特征也不同。

地形的起伏能破坏气候分布的地带性。在同一纬度地带，地势越高，气温越低，降水在一定高度的范围内，是随高度的升高而增加。

从以上分析看出，中国地壳运动监测网络测站处于不同的气候区域，各气候区域的纬度、大气环流、海陆分布、地形等存在较大的差别，这导致了不同区域气候类型的 GNSS 水汽在数值上差别大，峰值变化时间长短也不同。

5.3　基于经验模态分解的 GNSS 可降水量变化

5.3.1　基于验模态分解的 GPS 可降水量趋势项提取

经验模态分解（Empirical Mode Decomposition，EMD）是 N. E. Huang 等于 1998 年提出，可对非平稳数据平稳化处理，将复杂信号分解为有限本征模函数（IMF）和趋势项，各 IMF 分量含原信号不同时间尺度的局部特征[64]。经验模态分解的理论及实现过程见文献[66]。

在提取中国地壳运动监测网络各 GNSS 站的 2000～2004 年天顶对流层延迟序列基础上，结合同期气压、温度观测值，经 Black 模型处理，得相应站的水汽序列。因部分 GPS 站点无相应气象观测数据，未获得水汽序列。对能获水汽序列的 14 个站，使用经验模态分解并提取趋势项，用于分析不同气候类型的 GNSS 水汽变化情况。按照不同气候类型的划分，对各测站的 GNSS 水汽变化趋势进行分析。

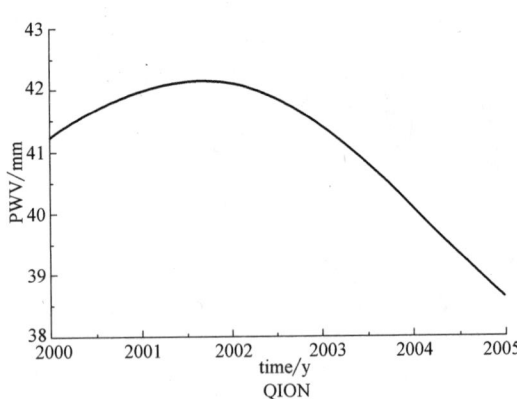

图 5-8　GNSS 水汽变化趋势（热带季风气候类型）

5.3.2　热带季风气候的 GNSS 水汽变化

QION 处于热带季风气候区域，由图 5-8 可见，该站的 GNSS 水汽变化趋势为 2000～2002 年缓升，在 2002～2004 年期间降（从 42mm 降至 39mm）。

5.3.3　亚热带季风气候的 GNSS 水汽变化

根据我国气候类型的划分，北纬 25°～35°为亚热带季风气候，中国地壳运动监测网络 WUHN，SHAO，KMIN，GUAN，XIAM 位于该气候类型区域。

由图 5-9 可见，处于该气候区域的大部分 GNSS 站点，除 KMIN 站外，其 GNSS 水汽变

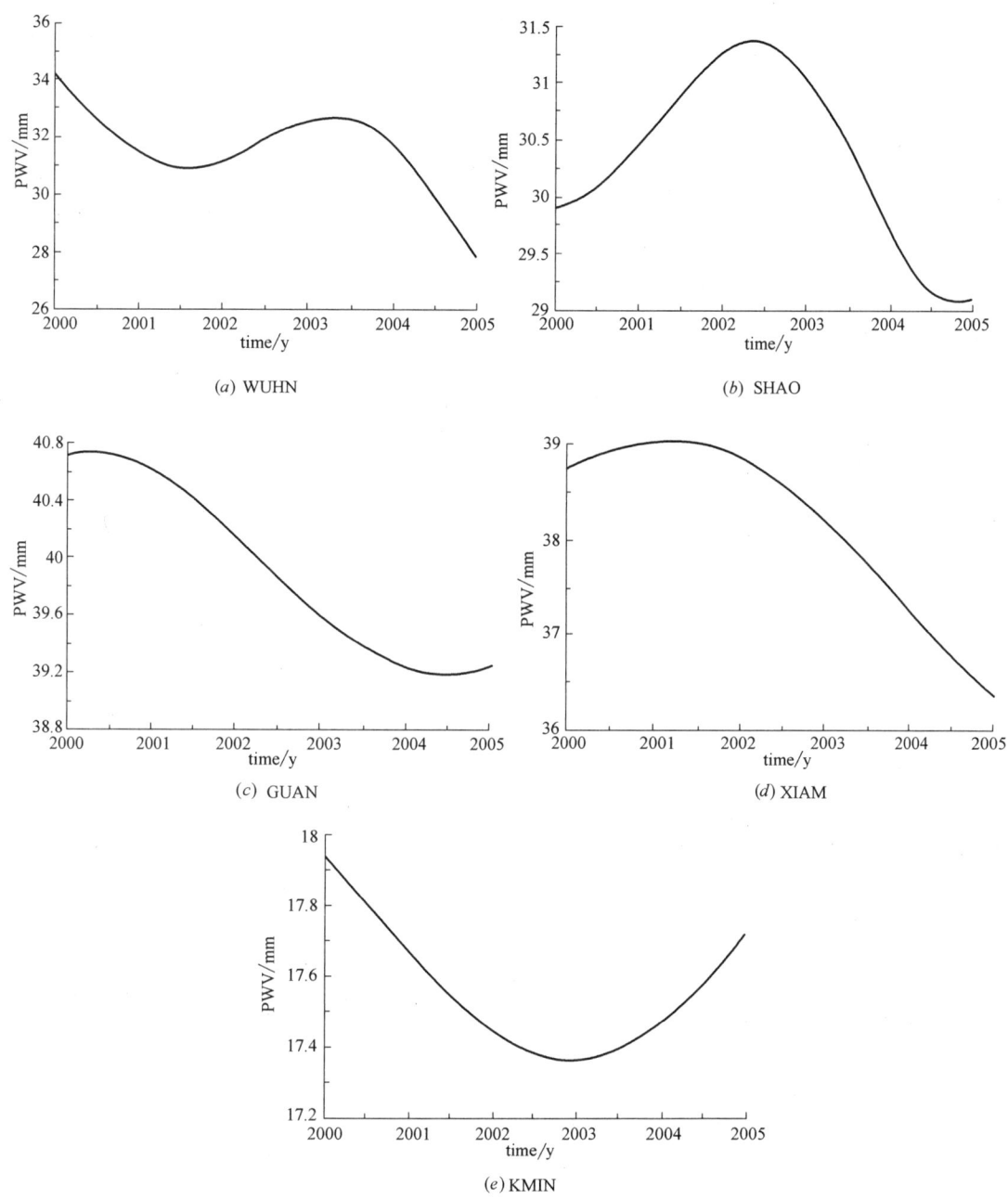

图 5-9　GNSS 水汽变化趋势（亚热带季风气候类型）

化趋势总体趋势为降。GUAN 和 XIAM 两站 GNSS 水汽变化为平缓上升，后再持续下降。SHAO 在 2002 年 6 月之前升，此后降。WUHN 站 GNSS 水汽变化为降—缓升—降。

　　KMIN 位于云南，该地处于低纬高原，受青藏高原和东亚、南亚两支季风影响显著，因而 KMIN 水汽变化有别于该气候类型的其他站点。降水量与干旱有较好对应关系，降水越少旱情越重。2003 年云南降水量明显偏少[67]，此时 GNSS 水汽值位于低谷。

5.3.4　温带季风气候的 GNSS 水汽变化

温带季风气候范围为北纬 35°～55°。从图 5-10 可见，该气候类型的 4 个站的 GNSS 水汽变化趋势基本一致，变化趋势为先降后升。据 1961～2010 年北京地区的年平均降水量变化，2000～2004 年降水量变化为先上升后下降。1999～2002 年降水量连续 4 年低于 475mm，比多年平均值 576mm 约少了 100mm，引起严重的连年干旱[68]。由此可见，温带季风气候类型的 GNSS 站点水汽在 2000～2002 年出现下降的变化，是由于干旱引起的。2003～2004 年水汽上升。

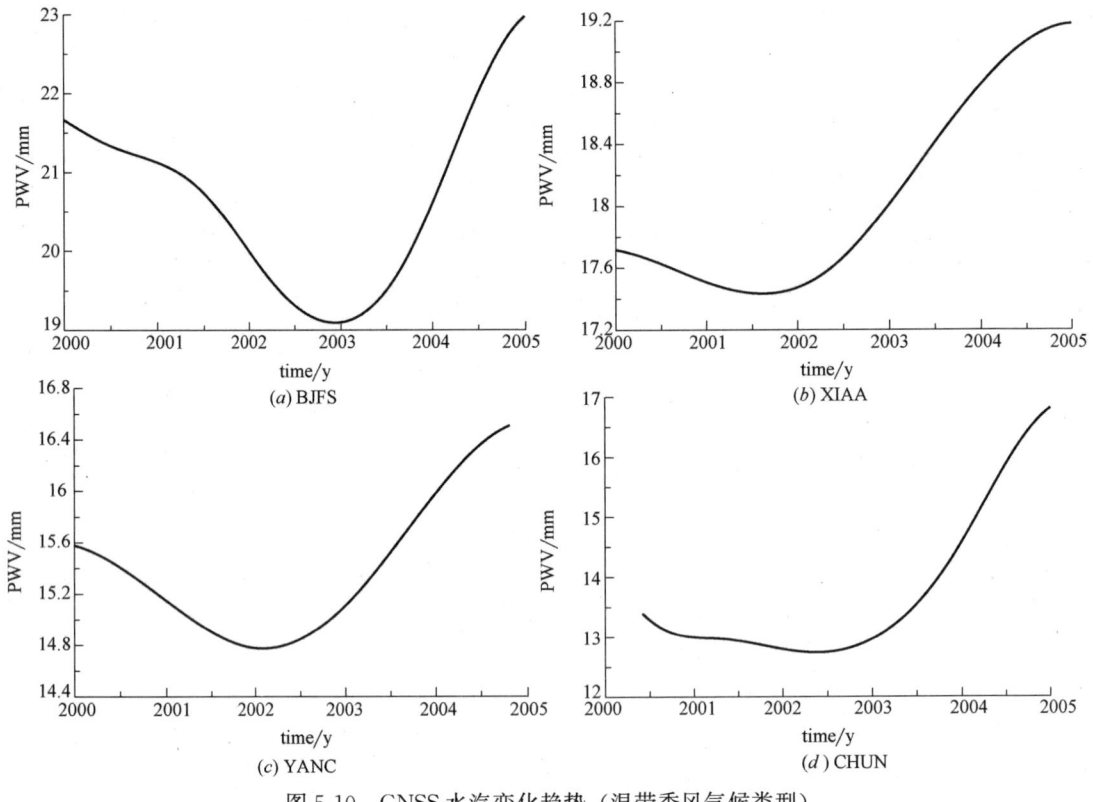

图 5-10　GNSS 水汽变化趋势（温带季风气候类型）

5.3.5　温带大陆性气候的 GNSS 水汽变化

URUM 站点属于温带大陆性气候，从图 5-11 可以看出，URUM 站 GNSS 水汽变化趋势为先升后降。根据乌鲁木齐 2000～2004 的年降水量变化曲线[69]，该地区的年降水量变化也是先上升后下降。GNSS 水汽变化趋势与年降水量变化一致。

5.3.6　青藏高原高寒气候的 GNSS 水汽变化

处于青藏高原高寒气候区域的 GNSS 站点水汽明显低于其他区域的 GNSS 站点水汽，

原因可能是其温度低海拔高。由图 5-12 可知，XNIN 与 LHAS 两站的 GNSS 水汽变化趋势为上升；而 DLHA 站的变化趋势为缓升—下降。

尹云鹤针对我国 1961～2006 年的气候变化趋势进行分析，西部的青藏高寒区和西北干旱区的降水增加趋势显著[70]，XNIN 和 LHAS 站位于西北干旱区和青藏高寒区，2000～2004 年两者的 GNSS 水汽变化趋势为上升，这与该地区实际降水的增加变化是对应的。

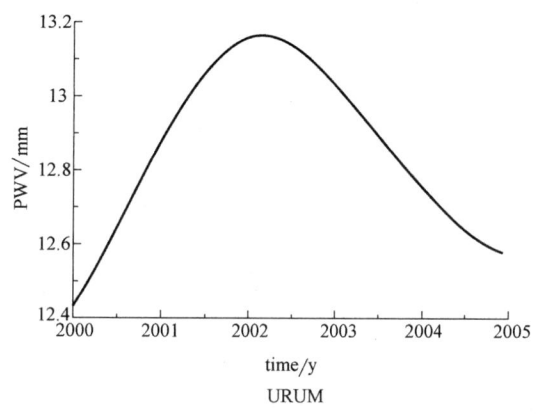

URUM

图 5-11　GNSS 水汽变化趋势（温带大陆性气候类型）

综合图 5-8～图 5-12 可知：各气候类型的 GNSS 水汽存在较大的差异。由于 2000～2002 年我国华北地区干旱，期间 GNSS 水汽的变化为下降。纬度、大气环流、海陆分布和地形是影响水汽变化的重要因素。纬度不同导致太阳高度角不同，不同纬度地区的气温差异甚大。在不同气压带和风带控制下，不同气候类型的降水变化差异显著。海陆分布改变了气温和降水的地带性分布。地形差异也是影响气候分布的重要因素之一。

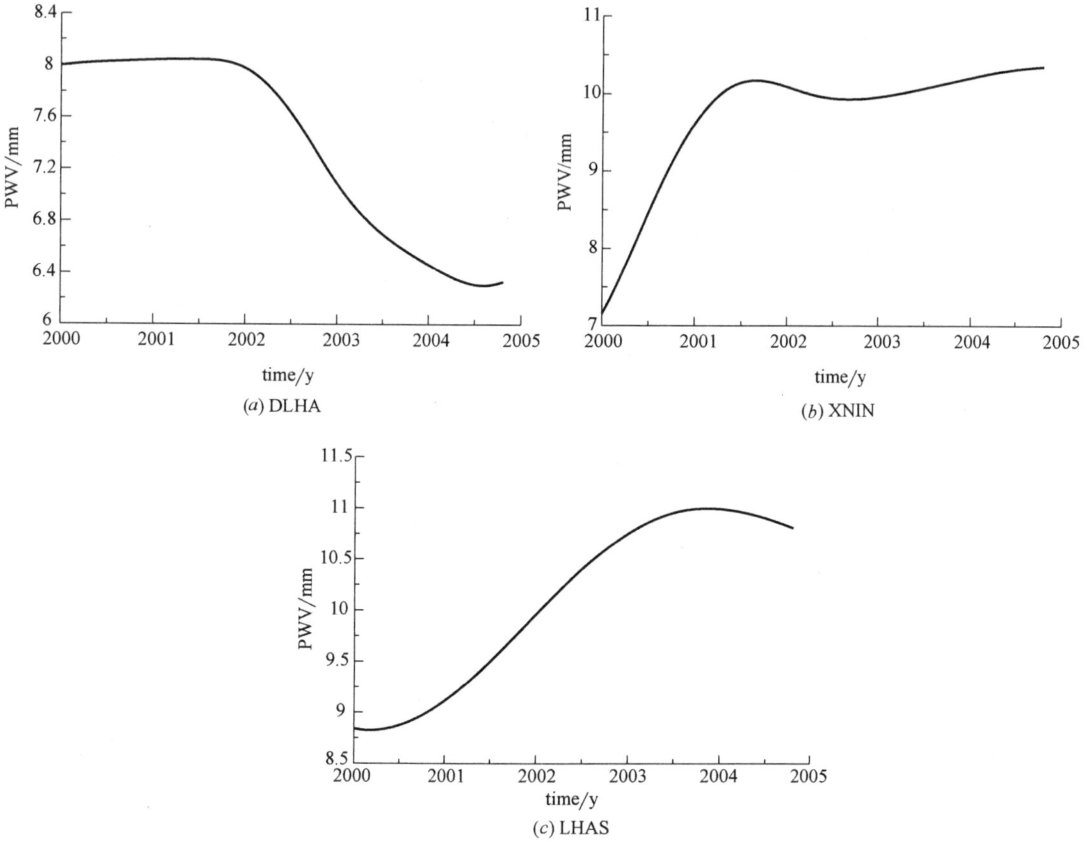

(a) DLHA

(b) XNIN

(c) LHAS

图 5-12　GNSS 水汽变化趋势（青藏高原高寒气候类型）

5.4 本章小结

本章采用 2000～2004 年的中国地壳运动监测网络 GNSS 数据和气象数据，解算出各 GNSS 测站的水汽，以水汽序列进行不同气候类型的比较研究，并利用经验模态分解方法获得 GNSS 水汽的趋势项，对趋势项进行分析，各类型 GNSS 水汽的趋势项与文献资料论述一致。

针对 2000～2004 年的中国地壳运动监测网络的 GNSS 数据处理结果与相应的气象数据，采用水汽进行不同气候类型的水汽比较，得到以下结论：

水汽的大小与温度，高程，纬度有关，与温度变化趋势一致，与高程、纬度呈相反的关系；

在不同气候类型的水汽的比较中，青藏高原高寒地区的水汽最低，温带大陆性气候的水汽次之，温带季风气候的水汽居中，热带季风气候的水汽最高，亚热带季风气候的水汽为次高；

在可降水量序列的图形变化比较中，青藏高原高寒气候水汽的波形变化小，平缓，峰值持续时间长；温带大陆性气候水汽的波形变化小，峰值持续时间短；温带季风气候水汽的波形变化大，峰值持续时间短；亚热带季风气候类型 GNSS 水汽序列的波形变化小，较为平缓，峰值持续时间长；热带季风气候 GNSS 水汽序列的波形变化平缓，峰值持续时间长。

第6章 GNSS技术用于城市地面沉降监测

地面沉降监测属多维监测系统，即三维空间和不同的时间尺度，分为大时间尺度的面上扫描和小时间尺度的单体突发性灾害的实时监测。

大时间尺度的监测主要以遥感（RS）技术为主，结合GNSS监测，获取大区域地质环境变化数据，为地面沉降监测预警服务。

小时间尺度的监测主要监测单体突发性灾害，以实时自动监测为主，辅以个别间断监测（如三角测量、水准测量、钻孔倾斜仪测量），根据实际情况有效组合[71]。水准测量、基岩标和分层标测量等方法精度高，但局限在较小范围内开展工作。水准测量因其点位稀疏、两次测量之间时间间隔长的缺陷限制了对区域地面沉降发展趋势的认识。对于沉降变化较快区域或沉降漏斗的监测，例如北京东三旗，采用GNSS连续监测技术更能反映沉降具体变化过程。

对于GNSS技术在城市地面沉降的应用，主要包括：基于GNSS连续观测的三维形变监测、基于GNSS沉降结果的城市地面沉降危险性评价、融合GNSS天顶对流层延迟、地形和气象要素的大气延迟估算模型、基于经验模态分解方法的GNSS沉降结果分析。

6.1 基于连续GNSS观测的三维变形监测

北京市地面沉降监测预警系统，是由精密水准监测网、地下不同深度的基岩标和分层标、地下水监测、GNSS监测和InSAR空间观测构成的立体监测网，其中包括7个地面沉降监测站、114个GNSS监测点、300多个地面沉降专门监测点、600多个地下水动态监测井和7个用于InSAR测量的角反射器[72]。以上不同类型的监测站点和手段，构建了覆盖北京城区的地面沉降监测网络。连续的GNSS观测是监测手段之一。本小节利用北京2011～2012年的GNSS连续观测资料，研究北京市GNSS站点的三维变形。

通过IGS（International GNSS Service，国际GNSS服务）下载与北京GNSS数据同期的BJFS（房山）及其周边的8个IGS国际跟踪站（SHAO、LHAZ、XIAN、WUHN、URUM、KUNM、IRKT、KIT3）数据。国际GPS服务（IGS）机构（下称IGS）是由国际大地测量协会（IAG）协调的一个永久性GPS服务机构，成立于1992年。成立之初的英文全名为International GPS service for Geodynamics（国际地球动力学服务机构），缩写为IGS。IGS在全球建立了GNSS连续观测网，目的在于为全球科研机构及时提供GPS数据和高精度的星历，以支持世界范围内的地球物理学研究。

收集北京2011～2012年GNSS数据，采用GAMIT/GLOBK软件及IGS提供的精密星历，以ITRF05框架为参考框架，进行数据处理。解算模式为基线解，以天为单位解算。9个IGS国际跟踪站在ITRF05坐标框架下坐标精度优于2mm，可作为基准点的起算坐标。各GNSS站点的三维坐标时间序列的点位精度平面优于2mm，高程优于5mm，具有较高精度，满足监测 mm 级沉降变形的精度要求（图 6-1）。

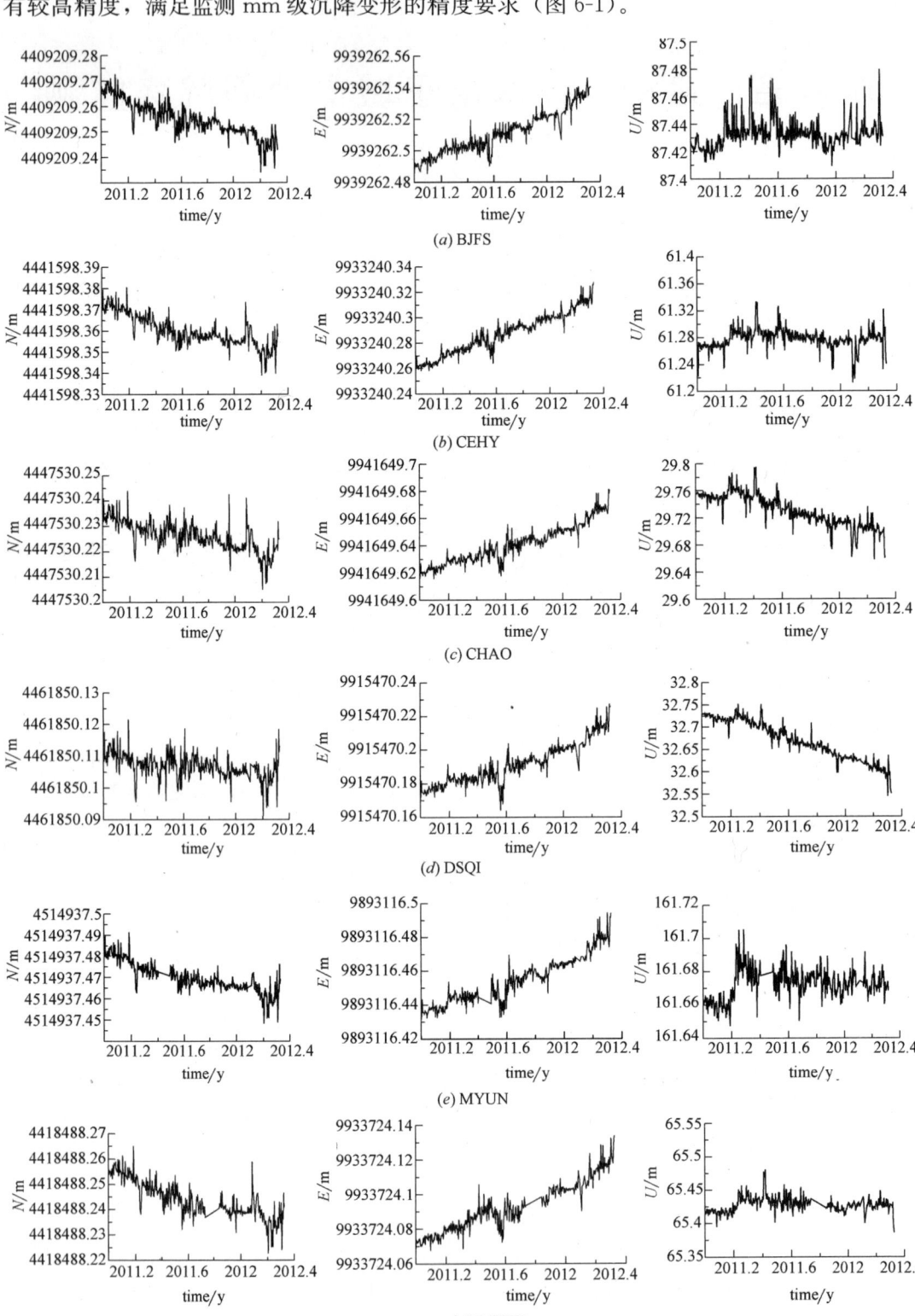

图 6-1　北京 GNSS 站点三维坐标序列

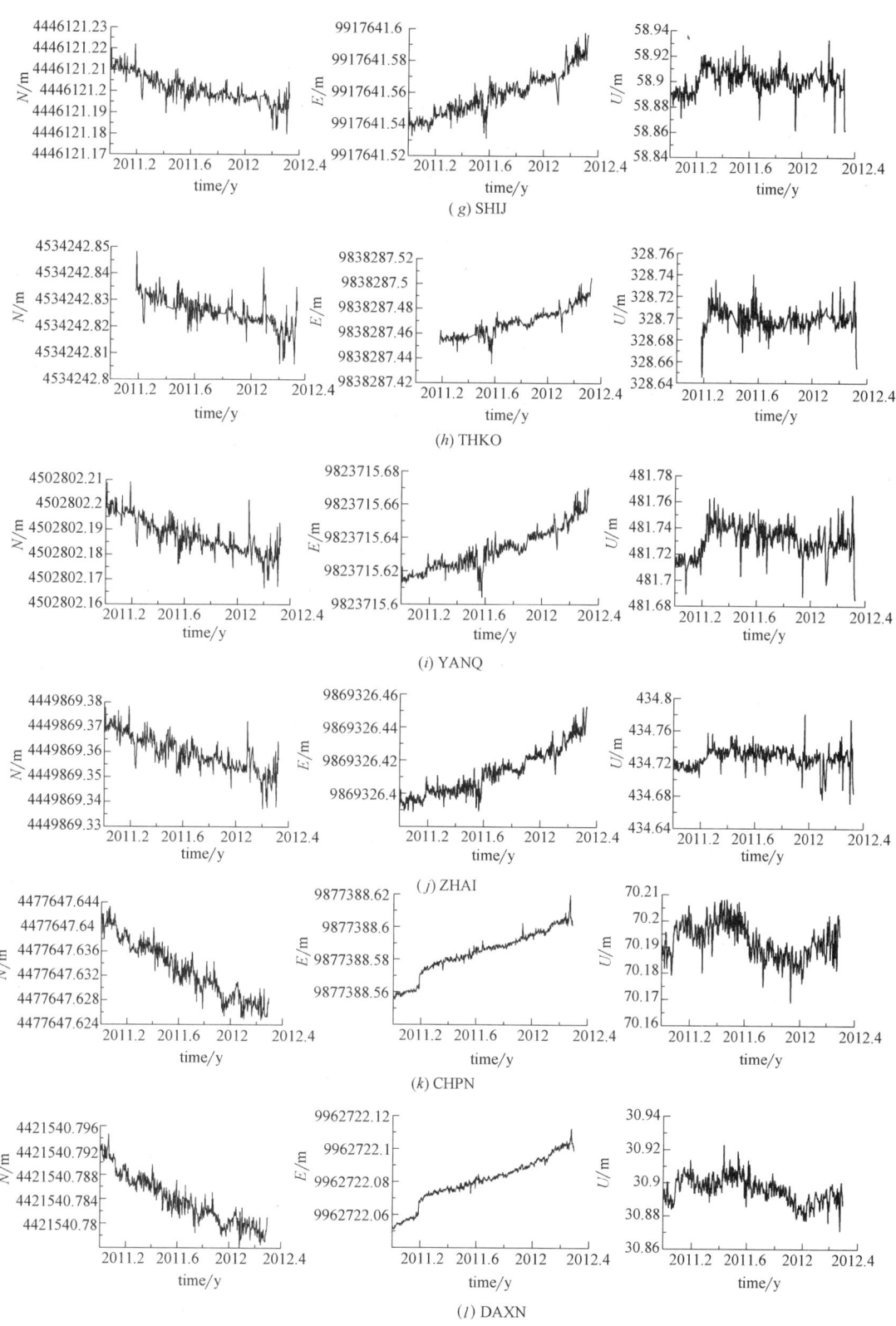

图 6-1 北京 GNSS 站点三维坐标序列（续）

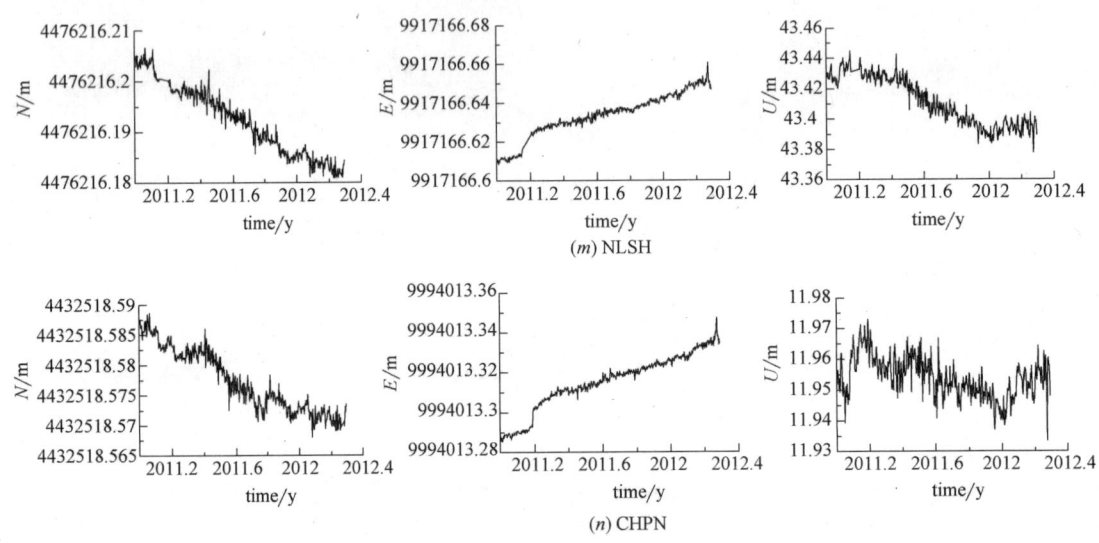

图 6-1　北京 GNSS 站点三维坐标序列（续）

由图 6-1 可见，北京 GNSS 站点三维坐标变化如下：

北方向的变化：除 DSQI 站在北方向没有大的变化外，其他 13 个站点均发生向南方向的位移；

东方向的变化：所有站点均发生向东方向的位移；

垂直方向的变化：CHAO、DSQI、NLSH 三个站点发生垂向方向的下沉，CHAO 下沉 5.4cm，DSQI 下沉 13.4cm，NLSH 下沉 3.7cm，其余 11 个站点垂向变化较平缓。

对 GNSS 站点在 NEU（北、东、垂向）三个方向的位移变化进行了统计（表 6-1）。

GNSS 站点在 NEU 三个方向的位移统计　　　　　　　　　　　表 6-1

站点	N/m	E/m	U/m
BJFS	−0.025	0.053	0.004
CEHY	−0.013	0.067	−0.008
CHAO	−0.013	0.051	−0.054
CHPN	−0.017	0.047	−0.003
DAXN	−0.015	0.052	−0.005
DSQI	−0.008	0.043	−0.134
NLSH	−0.023	0.039	−0.037
NKYU	−0.019	0.053	0.006
SHIJ	−0.022	0.05	0
THKO	−0.017	0.042	0.007
MYUN	−0.018	0.047	0.007
YANQ	−0.02	0.046	0.005
ZHAI	−0.023	0.043	0.006
XIJI	−0.017	0.047	0

6.2　基于 GNSS 的城市地面沉降

北京于 2004 年启动地面沉降监测网站预警预报系统。一期工程分别在顺义区天竺、望京工业开发区、王四营乡建成 3 个地面沉降监测站,二期工程 2008 年底投入使用,在昌平八仙庄、顺义平各庄、通州土桥和大兴榆垡建 4 个地面沉降监测站,全面覆盖北京市沉降区。真正的可以使用的监测数据是从 2005 年开始的,但是只有 3 个点,从 2006 年开始观测数据较为完整。北京市 GNSS 连续观测网由 14 个站点组成,从 2006 年开始具有较为完整的观测数据。本论文以北京市 2006～2012 年的 GNSS 观测数据为基础,开展北京市地面沉降危险性评价。

(1) 2006～2012 年北京地面累计沉降量

以 2006 年的大地高为起始高程,结合 2012 年的 GNSS 站点大地高,利用地学绘图软件 GMT 的空间分析功能进行插值,获得 2006～2012 年北京地面累计沉降量,见图 6-2。

由图 6-2 可见,2006～2012 年的北京地面沉降以 DSQI(东三旗)为最大沉降中心,累计沉降量达到 500 mm。GNSS 站点 CHAO(朝阳)、DAXN(大兴)、SHIJ(石景山)、THKO(汤河口)等的地面沉降较大。而 ZHAI(斋堂)、YANQ(延庆)、MYUN(密云)等站点的地面沉降相对较小。北京地面沉降趋势为以 DSQI 为中心,向东及向南方向发展,该区域地面累计沉降量为 110～200mm 左右。该研究结果与北京市地质环境监测总站研究结果相吻合,印证本研究结果的可靠性。

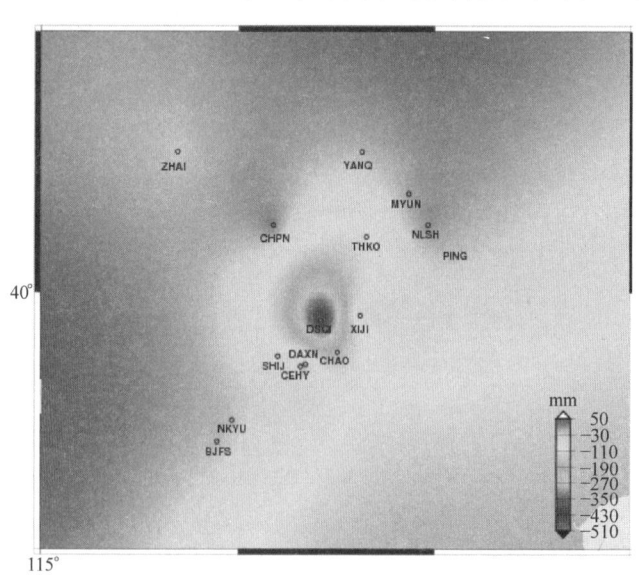

图 6-2　2006～2012 年北京地面累计沉降量

(2) 2006～2012 年北京年沉降速率

图 6-2 显示了北京市各 GNSS 站点在 2006～2012 年的地面沉降变化,为了获得各年间的地面沉降变化,分别绘制了 2007 年、2008 年、2009 年、2010 年、2011 年、2012 年的北京市年地面沉降图,见图 6-3(a～f)。

从图 6-2 和图 6-3 可见,2006～2012 年期间,北京市地面沉降的时空演化特点如下:

大部分 GNSS 网站高程方向均发生下沉。累计沉降量最大的是 DSQI 站,达到 500mm,NLSH 站累计沉降达到了 120mm。

2006～2012 年期间,DSQI(东三旗)沉降速率有加大的趋势;在 CHAO(朝阳)、DAXN(大兴)、MYUN(密云)、NLSH(牛栏山)、XIJI(西集)存在较大的沉降,约 10～20mm/a;YANQ(延庆)、NKYU(牛口峪)、THKO(汤河口)沉降速率较小;BJFS(房山)、CHPN(昌平)、SHIJ(石景山)、ZHAI(斋堂)沉降不明显。

在地下水资源得不到及时补充、外来水源有限、城市规模继续扩大等前提下,北京平原区地面沉降仍将快速发展,地下水超量开采与地面沉降控制之间的矛盾将继续存在,说明在城市地面沉降灾害预警方面,在加强 GNSS 监测的同时,要重点关注地下水监测结果，综合监测评估，为预警定级和响应提供技术支撑。

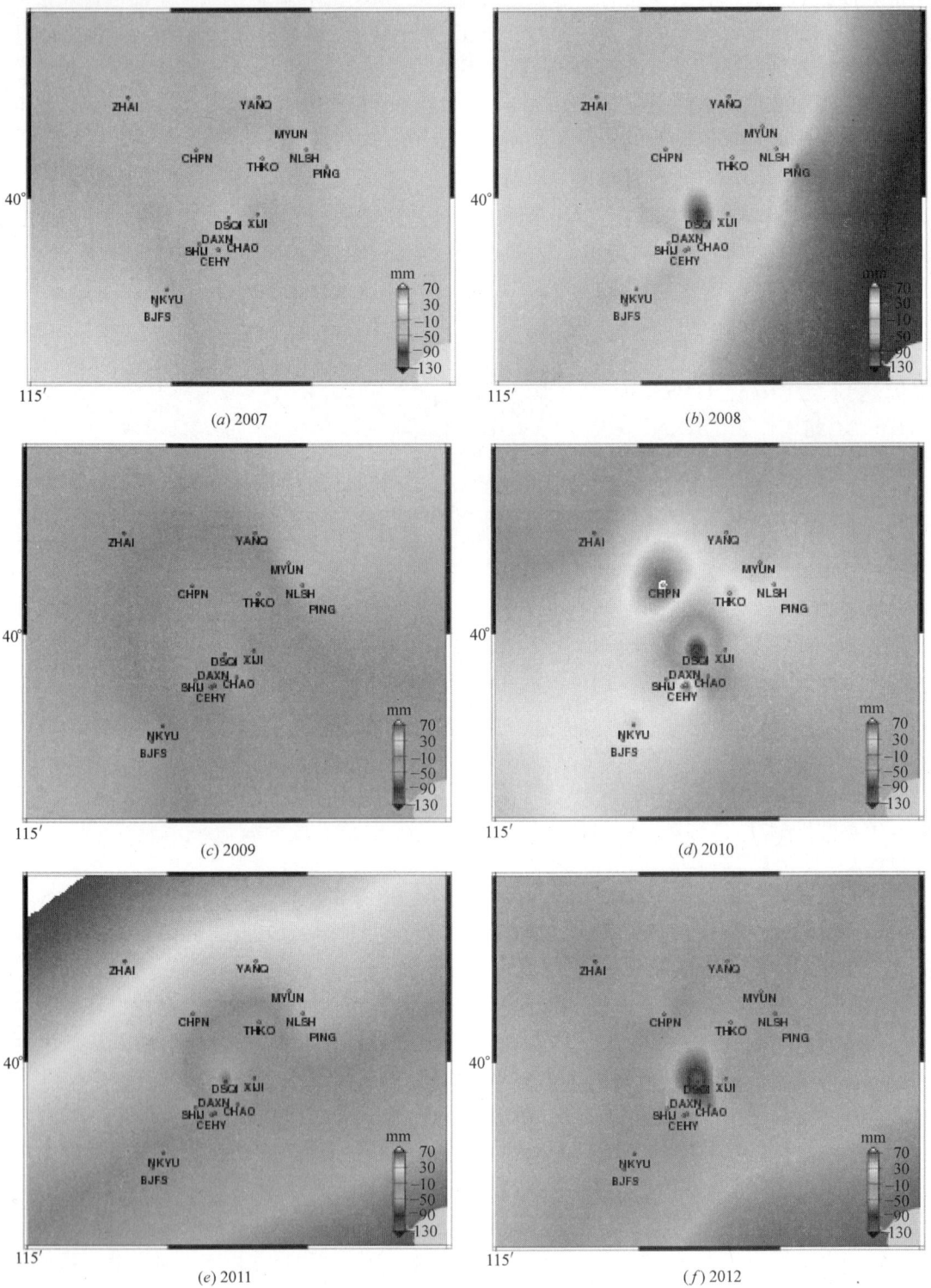

图 6-3　2007～2012 年的北京市年地面沉降图

6.3 基于 GNSS 的 InSAR 大气校正

在地面沉降快速发展阶段，由于 SAR 卫星重复经过研究区的间隔时间为数十天，仅用 InSAR 技术无法满足地面沉降监测的要求。此外，由于卫星轨道误差、大气层延迟误差、系统热噪声引起的热失相关、空间基线过长或过短引起的基线失相关等多因素影响，使得 InSAR 技术在城市地面沉降监测应用推广受到限制。

不同 SAR 数据时间的大气延迟的差异，削弱了 InSAR 监测精度，严重制约 InSAR 技术在城市地面沉降领域的应用。目前的 InSAR 大气校正方法比较常用的有：PS-InSAR；卫星遥感水汽（MODIS、MERIS、GNSS）。PS-InSAR 技术利用干涉点的长时间相干性可以较好地处理大气延迟差异问题，但其要求 SAR 影像 30 景以上，费用相对较高。MODIS 与 SAR 数据时间存在差异，且精度不高，需要利用 GNSS 水汽进行校正。MERIS 与 ASAR 数据时间同步，但在多云区域和多云时段 MERIS 数据不可用，限制了其应用。GNSS 可反演高精度、高时间分辨率的水汽序列，但其空间分辨率较低，应用到 InSAR 大气校正，需要进行插值，以便获取与 SAR 影像数据同分辨率的大气延迟结果。寻求一种新的大气延迟插值模型是目前 InSAR 大气校正研究的热点和难点问题。

本节提出一种基于 GNSS 天顶对流层延迟、地形与气象要素的大气延迟估算模型，基于实测数据进行大气延迟估算模型的构建与检验，并将该模型用于 InSAR 大气校正。

6.3.1 融合地形与气象要素的大气延迟估算模型

不同期 SAR 数据的大气延迟的差异是影响 InSAR 处理精度的一个重要因素，目前 InSAR 大气校正方法受天气状况或 SAR 图像数量的限制，本小节拟综合地形和气象参数，提出一种不受天气状况和 SAR 图像数量限制的大气延迟估算方法。以北京为研究区域进行大气延迟估算模型的构建，通过与 GNSS 站点天顶对流层延迟的比对，验证大气延迟估算模型的可靠性。

6.3.1.1 实验区概况与 GPS 数据处理

北京地形较为复杂，其西、北和东北方向被群山环绕，而东南方向则为平原。北京平原的高程为 20～60m，山地高程 1000～1500m。表 6-2 为北京 GNSS 连续观测网的站名和测站高程。由表 6-2 可以看出，北京的 GNSS 测站高程差别较大，有平原和山区，地形起伏较大。该区域适宜大气延迟估算模型的研究。

北京 GNSS 测站高程   表 6-2

测站名	高程/m	测站名	高程/m
BJFS	46.6	PING	28.1
DAXN	37.6	THKO	331.6
SHIJ	65.6	MYUN	71.8
CHPN	76.2	YANQ	487.9
CHAO	35.3	ZHAI	440.3

大气延迟估算模型涉及的 GNSS 实验数据如下：2007 年 12 月 3 日、2008 年 2 月 11

日、2008 年 3 月 17 日、2008 年 6 月 30 日、2008 年 8 月 4 日北京 GNSS 连续网数据以及与 GNSS 站点对应的温度、气压数据。GNSS 数据解算如下：卫星星历采用精密星历，松弛解模式，每小时估算一个天顶对流层延迟，按天解算，引入 SHAO、WUHN、URUM 长距离 IGS 站点参与解算，获得 GNSS 测站绝对的天顶对流层延迟。GNSS 测站天顶对流层延迟从 GNSS 解算结果文件提取，并用于天顶对流层延迟的估算。

6.3.1.2　综合地形和气象要素的大气延迟估算模型的构建

众所周知，天顶对流层延迟（大气延迟）与地形（经度、纬度、高程）、气象要素（气压、温度）密切相关。大气延迟估算模型涉及 GNSS 天顶对流层延迟、地形和气象要素，由于 GNSS 天顶对流层延迟、地形和气象要素的数值差别较大。大气延迟很难以一个直接的确定化模型来估算，如何构建大气延迟估算模型，这是本文需要解决的一个问题。

神经网络通过输入输出模式可实现输出结果的预测，本文在对地形、气象要素以及 GNSS 天顶对流层延迟进行归一化的基础上，通过神经网络进行大气延迟估算模型的构建。

BP（Back Propagation）神经网络，是一种通过学习和存贮大量的输入-输出模式映射关系的多层前馈网络，为使网络的误差平方和最小，该网络通过反向传播调整网络的权值和阈值。

采用 BP 网络综合 GNSS 天顶对流层延迟、地形和气象要素，用于大气延迟的估算。模型构建过程如下：

1）建立训练样本

网络训练样本包括输入和输出样本，输入训练样本为地形参数（经度、纬度、高程）和气象参数（气压、温度），输出训练样本为天顶对流层延迟（大气延迟）。模型训练构建以前需对训练样本归一化处理，式（6-1）为归一化处理公式。

$$X'_i = \frac{X_i - X_{\min}}{X_{\max} - X_{\min}} \tag{6-1}$$

式中：X_i 为第 i 个参数的实际值，X'_i 为第 i 个参数的归一化后的数值，$X_{\max}$ 为 X 参数的最大值，$X_{\min}$ 为 X 参数的最小值。

2）选择网络控制结构

大气延迟估算模型网络采用 m-x-1 结构，即 m 个输入节点（m 为主要的地形参数和气象参数个数）、x 个隐层节点、1 个输出节点（大气延迟），图 6-4 为 BP 网络控制结构图。

3）网络输出计算

假定网络输入为 n 维向量 u，输出为 m 维向量 y，输入/输出样本长度为 L。

采用非线性优化策略和无导师的学习算法，隐含层对作用函数的参数进行调整。输出层通过线性优化策略和有导师

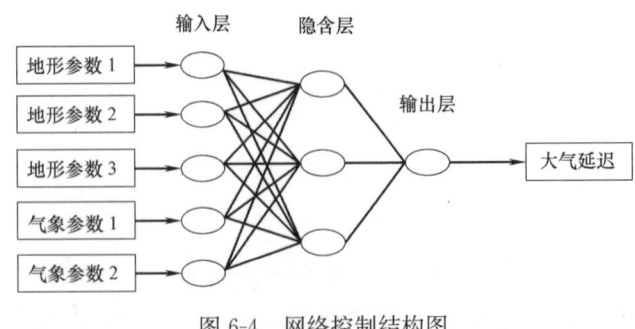

图 6-4　网络控制结构图

的学习算法，对线性权进行调整。网络输出层第 k 个节点的输出为隐含层节点输出的线性组合。计算公式见式（6-2）。

$$y_k = \sum_i W_{ki} q_i - \theta_k \tag{6-2}$$

式中：w_{ki} 为 $q_i \rightarrow y_k$ 的连接权；θ_k 为第 k 个输出节点阈值。

4）网络训练与模型构建

选取归一化后的前 m 组样本作为训练样本对网络进行训练。通过设置扩展常数 SPREAD，迭代运行，当误差几乎为零，即达到目标误差平方和最小，此时可以获得 BP 神经网络隐含层单元数，获得 BP 误差曲线。取归一化后的后 n 组数据对大气延迟估算模型网络进行验证。

6.3.1.3 大气延迟估算模型及其可靠性验证

利用 GAMIT 软件解算北京 GNSS 连续观测网数据获得 GNSS 测站天顶对流层延迟结果，联合同期的气象数据、测站地形数据，采用 BP 神经网络改进的 Levenberg-Marquart 算法进行大气延迟估算模型的训练与预测。训练和检验的输出样本天顶对流层延迟数据如下：输出样本天顶对流层延迟共有 5 天的数据，相同时间的测站天顶对流层延迟为一组数据，60 组数据（从 1 时开始每隔 3 个小时取一组数据，12 组/天×5 天＝60 组）。由于采用平面插值方法（反距离加权、克里金插值法）在地形起伏地区如北京进行天顶对流层延迟插值效果差，为了便于评价本文提出的大气延迟估算模型的效果，采用两种模型进行天顶对流层延迟估算，分别为地形要素（测站经纬度和高程）模型、综合地形和气象要素（测站经纬度、高程、气温和气压）的模型。在对训练样本训练后，对测试样本进行预测，获得测试样本的天顶对流层延迟估算值。

在对多组数据训练好的 BP 网络验证后，利用该网络进行大气延迟的估算。为了能将预测的天顶对流层延迟进行实际应用，需要对预测的结果进行检验，将估算的大气延迟与 GNSS 测站天顶对流层延迟进行比较。图 6-5 为考虑地形要素的天顶对流层延迟估算值、综合地形和气象要素的天顶对流层延迟估算值与 GNSS 站点天顶对流层延迟的比较。

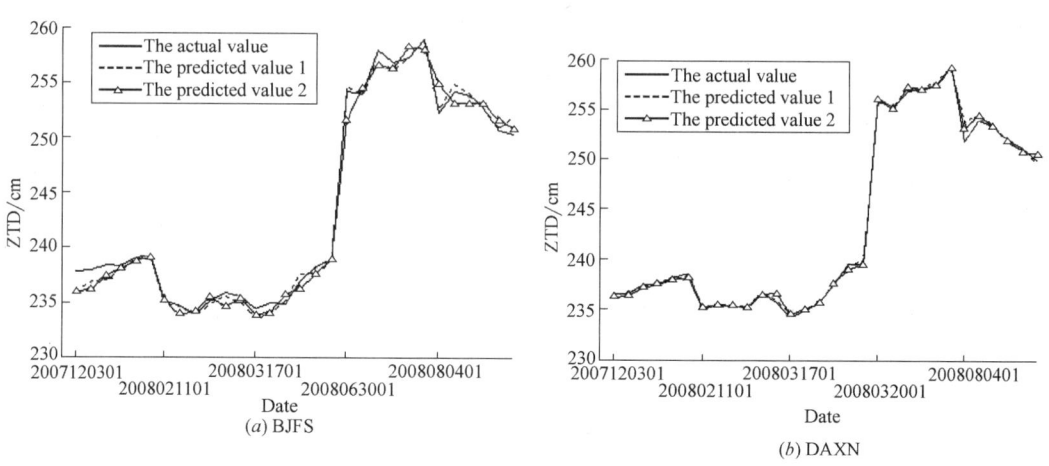

图 6-5　各测站天顶对流层延迟预测比较图

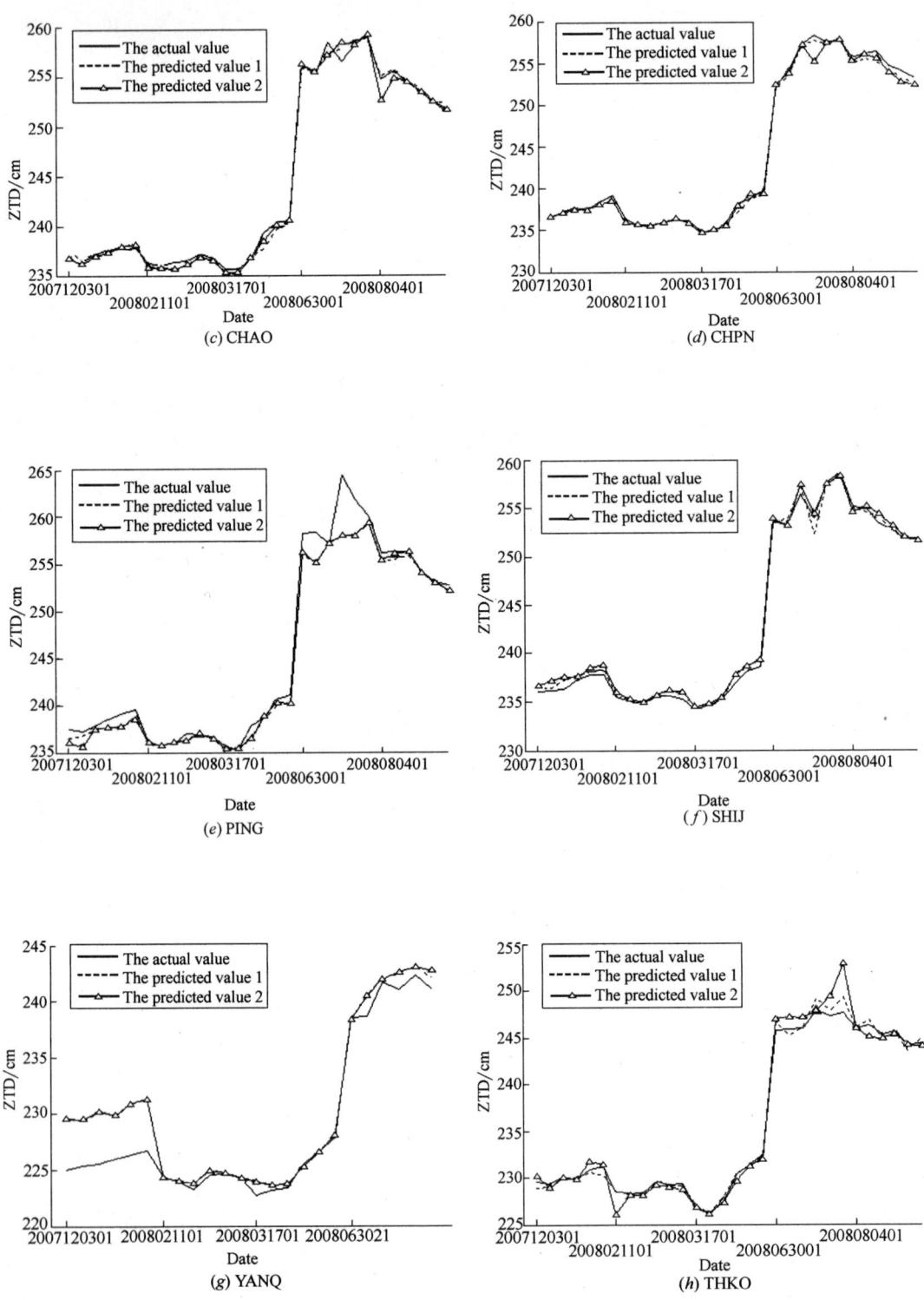

图 6-5　各测站天顶对流层延迟预测比较图（续）

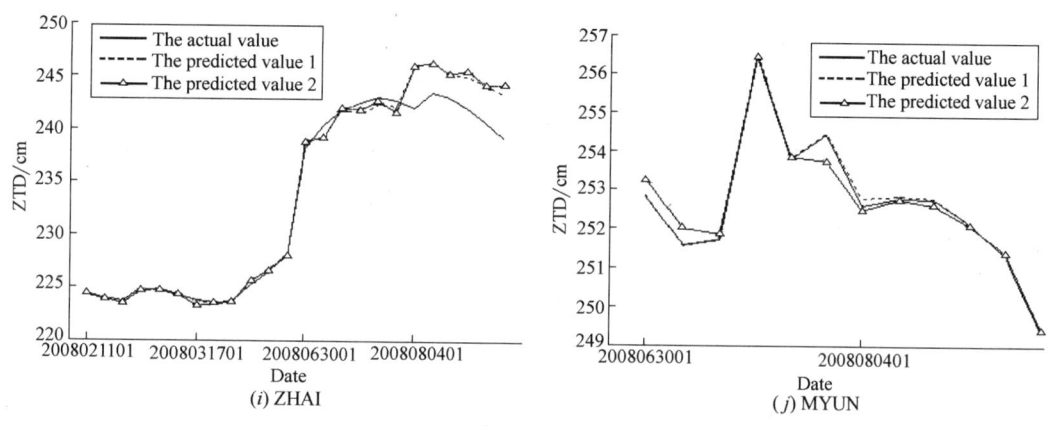

图 6-5 各测站天顶对流层延迟预测比较图（续）

（注：图中黑色实线（The actual value）为 GNSS 测站天顶对流层延迟，黑色虚线（The predicted value 1）
为综合地形和气象要素的模型估算的天顶对流层延迟，黑色实线带上三角标示（The predicted value 2）
为地形要素模型估算的天顶对流层延迟）

基于地形要素模型的天顶对流层延迟估算结果与综合地形和气象要素的模型天顶对流层延迟估算结果基本一致，综合地形和气象要素的模型天顶对流层延迟估算结果略优于基于地形要素模型的天顶对流层延迟估算结果。BJFS、DAXN、CHAO、CHPN、PING 、SHIJ、THKO、MYUN 8 个测站的天顶对流层延迟真值与两种方法的估算结果较为吻合，除了个别时间的估算值与天顶对流层延迟的测量值之间的差值稍大（1cm 左右），其他估算值与实际值差异大都在 5mm 左右，而 YANQ、ZHAI 两站的天顶对流层延迟与估算值在个别时间差异较大，2007 年 12 月 3 日 YANQ 站点的估算结果和 2008 年 8 月 4 日 ZHAI 站点的估算结果与天顶对流层延迟值的差异为 2～4cm，YANQ、ZHAI 其他时间的估算效果与 GNSS 天顶对流层延迟值一致，差异大都在 5mm 左右，少部分在 1cm 左右。

从图 6-6 可知，利用地形要素模型、综合地形和气象要素的模型估算北京 10 个 GNSS 站点天顶对流层延迟与 GNSS 天顶对流层延迟的比较计分析，由均方要误差统计得出，综合地形和气象要素估算结果优于地形要素模型估算结果，台 BJFS、THKO 两站的天顶对流层延迟估算：综合地形和气象要素的模型估算与 GNSS 天顶对流层延迟的差异小于 1cm，而地形要素模型估算与 GNSS 天顶对流层延迟的差异略大于 1cm。

本文在综合地形和气象要素的基础上构建了天顶对流层延迟插值估算模型，并通过与地形要素模型的天顶对流层延迟估算、GNSS 天顶对流层延迟相比较，综合地形和气象要素的天顶对流层延迟估算模型估算精度大部分在 mm 级，基本可以满足 InSAR 大气校正的要求。

6.3.2 大气延迟模型用于 InSAR 大气校正

采用两对干涉影像对研究北京主城区以及周围地区形变情况。所用 SAR 数据为北京地区的 ENVISAT ASAR 数据。

ENVISAT ASAR 数据　　　　　　　　　　　　表 6-3

影像对	影像时间	轨道号	轨迹号	帧号	水平基线/m	垂直基线/m	时间基线/d
主影像	2007-06-11	27598	2490	2799	61	−59	280
从影像	2008-03-17	31606	2490	2799			

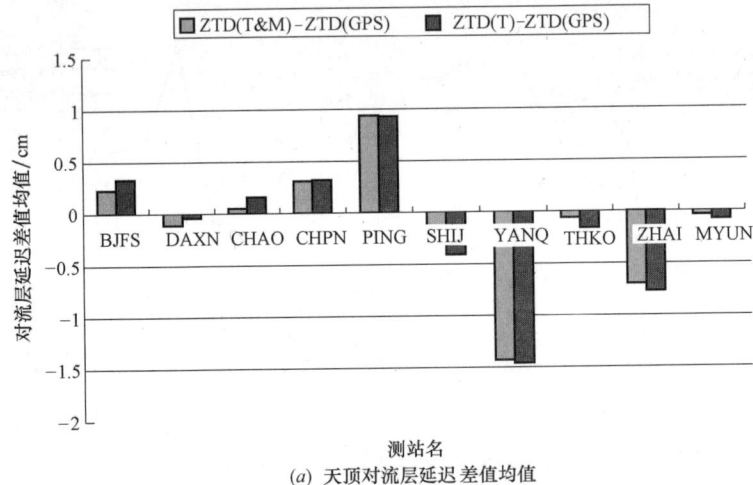

(a) 天顶对流层延迟差值均值

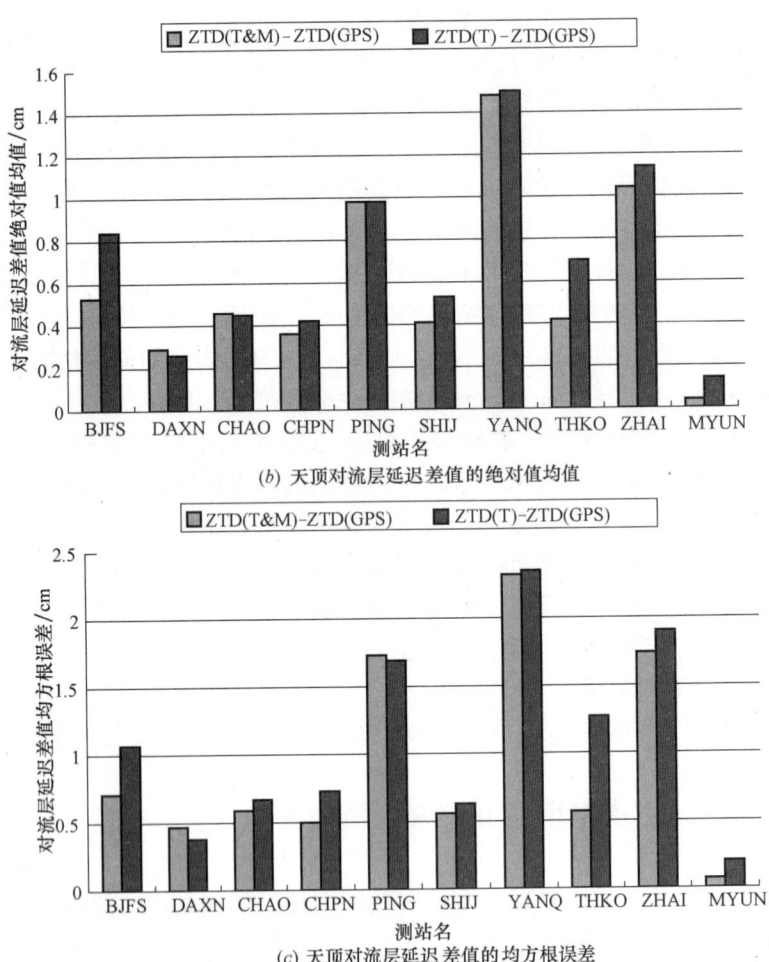

(b) 天顶对流层延迟差值的绝对值均值

(c) 天顶对流层延迟差值的均方根误差

图 6-6　天顶对流层延迟估算值与 GPS 天顶对流层延迟值的比较

(注：ZTD（T&M）为综合地形和气象要素模型的天顶对流层延迟估算值，ZTD（T）为地形要素模型的天顶对流层延迟估算值，ZTD（GPS）为 GNSS 测站天顶对流层延迟。)

利用 ROI_PAC 软件和 DORIS 精密星历、SRTM 采用"二轨法"获得北京市 InSAR 垂直方向形变图，见图 6-7。通过本文提出的综合多要素的大气延迟构建模型，获得与 SAR 数据时间对应的大气延迟数据，将两 SAR 数据时间的大气延迟作差获得 InSAR 大气延迟改正图。

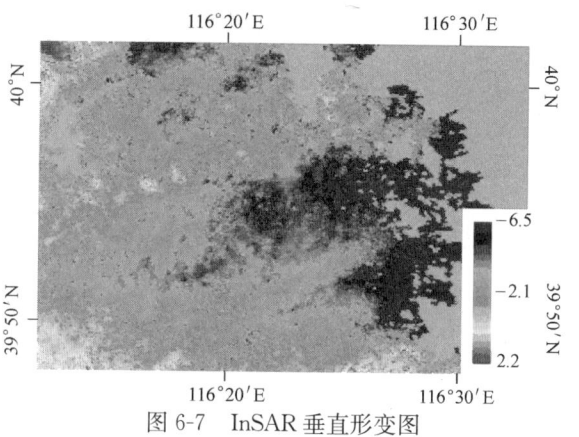

图 6-7 InSAR 垂直形变图

由于本文所选研究两幅 SAR 数据组成的干涉对时间为夏季与春季，夏季 SAR 数据大气延迟误差相对大，大气延迟分布不均衡，SAR 图像受大气影响不可忽略。为进行 InSAR 大气延迟改正，利用本文的大气延迟估算模型估算两景 SAR 数据时间的大气延迟，并对两时间的大气延迟进行差分，获得大气延迟差分结果，见图 6-8 所示。

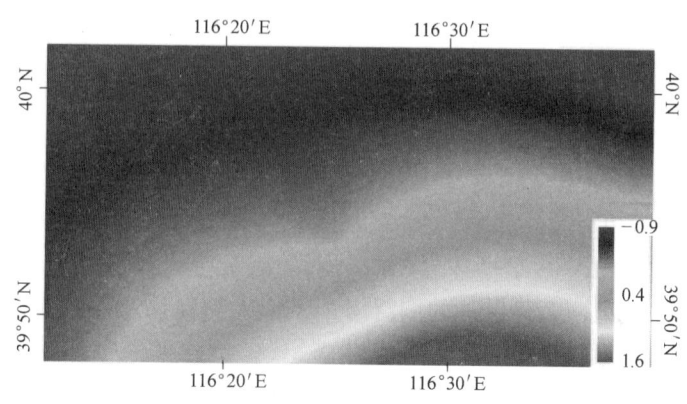

图 6-8 大气延迟改正图

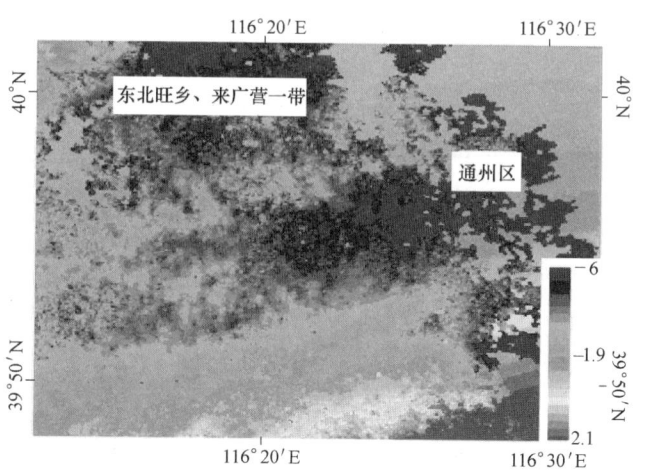

图 6-9 基于综合模型改善大气延迟影响的 InSAR 垂直形变

两景 SAR 数据时间分别为夏季与春季，春季和夏季的大气延迟差异很大。由图 6-8 可见，大气延迟差异的影响为 $-0.9 \sim 1.6$ cm，大气延迟差异的影响必须考虑。

在获得大气延迟改正结果的基础上，对 InSAR 垂直形变结果进行大气延迟去除，获得基于综合模型改善大气延迟影响的 InSAR 垂直形变（图 6-9）。

为了评价大气延迟差异的改善程度，利用 GNSS 测站变形来进行验证。利用 GAMIT/GLOBK 软件处理与 SAR 数据同期的北京 GNSS 数据，获得了 GNSS 站点大地高的变化，检验本文提出的模型效果。以 CEHY（测绘院）、DSQI（东三旗）的高程变化（沉降量）为基准，将大气改正前后的 InSAR 变形量与之进行比较（图 6-10）。

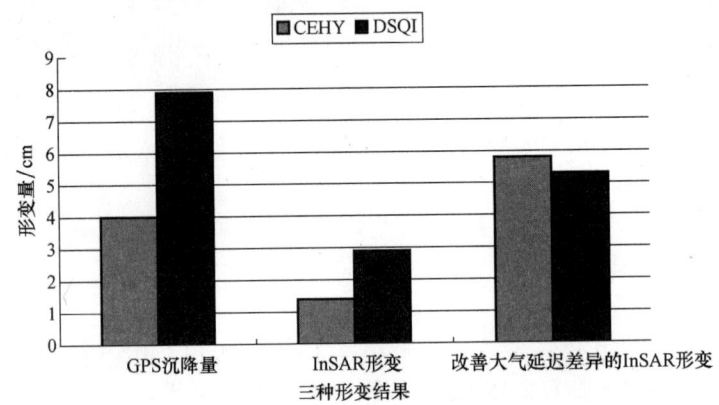

图 6-10　InSAR 大气改正前后形变与 GNSS 沉降量对比

由图 6-10 可见，经大气改正的 InSAR 形变与 GNSS 形变更接近，说明 GNSS 大气延迟可部分改善 InSAR 数据处理精度。

6.4　基于经验模态分解方法的 GNSS 沉降结果分析

监测地面沉降的大地测量技术主要包括精密水准测量、重力测量、InSAR 技术、重复 GNSS 测量和连续 GNSS 测量技术。精密水准测量费时费力，复测周期长和成本高是限制了该技术在城市地面沉降监测的广泛应用。重力测量涉及高程变化的不唯一性问题。时空不相关、大气延迟效应的差异是影响 InSAR 技术在地面沉降的原因，PS-InSAR 技术需要数十景影像数据才能获得较好的沉降监测结果。GNSS 测站的垂直位移时间序列表明，不少站的垂直位移有幅度大而清楚的年周期变化。因此，在用非连续观测得到的垂直位移测量资料（例如用不连续的 GNSS 测量资料、大面积的水准测量资料等）计算线性速率时必须考虑观测站垂直位移的年周期变化的幅度大小、不同年份重复测量的季节是否一致、是否有较多年份的重复测量等问题。因此，连续 GNSS 测量技术是目前地面沉降监测较为有效的一种技术。

由于多年降水较少和大量抽取地下水，北京市地面沉降严重。本节将基于 2007～2012 年的北京连续 GNSS 观测数据，获得北京 14 个 GNSS 站点的垂向变化时间序列，对北京市 2007～2012 年沉降变化进行分析。对于沉降较大的站点 DSQI、XIJI 和 NLSH，对其垂向时间序列进行经验模态分解，提取其趋势项。

6.4.1　北京地面沉降情况与 GNSS 数据处理

北京是中国政治文化中心，区域面积 16410km²，人口 2069 万。进入 21 世纪以来，北京平原区地面沉降一直处于快速发展阶段。截至 2011 年底，发生区域地面沉降的面积达到 4273km²，平均年沉降量 23.4mm，最大年沉降量 128.2mm。沉降区分为北部沉降区和南部沉降区。北部沉降区包括昌平沙河-八仙庄、朝阳来广营、东郊八里庄-大郊亭（三间房、通州城区和黑庄户-台湖）沉降区，以及顺义平各庄沉降区（目前该沉降区已经与北部昌平沙河-八仙庄沉降区连成一片），南部沉降区主要为大兴榆垡－礼贤沉降区。累计沉降量大于100mm 的区域面积达到 3904km^2，大于 500mm 的区域面积达到 1 094km$^{2[73]}$。

北京市连续 GNSS 网由 14 个站点组成，2007 年起至今 GNSS 观测数据较为完整。北京市 GNSS 网可监测北京地区地面的沉降变化状况，通过积累地面沉降数据，建立北京地区地面沉降模型，为决策研究提供科学依据。本文就是利用该网 2007～2012 年数据进行北京市地面沉降监测和分析。

GNSS 解算采用高精度定位定轨软件 GAMIT/GLOBK10.4，星历为精密星历，天顶对流层延迟估算采用最小二乘法每小时估算一个值，卫星高度角 10 度，采用 ITRF05 坐标框架，联合 IGS 的 SHAO、LHAZ、XIAN、WUHN、URUM、KUNM、IRKT、KIT3 和 BJFS 等测站同步解算。GNSS 数据处理按天解算，得到三维坐标时间序列。处理结果得到的 GNSS 坐标序列在水平方向和垂直方向的精度优于 2 mm 和 5 mm，可为研究北京地面沉降提供相关研究数据。

6.4.2 2007～2012 年期间北京市地面沉降变化

为了分析北京市近年来的地面沉降变化，在 GNSS 处理结果的基础上，对站点垂向序列处理，获得年沉降等直线图。处理如下：利用 GNSS 垂向坐标序列得到各年各 GNSS 站点的垂直位移，再通过线性拟合得到各站的垂直位移年速率解。图 6-11 为 2007～2012 年北京地面沉降等值线图。

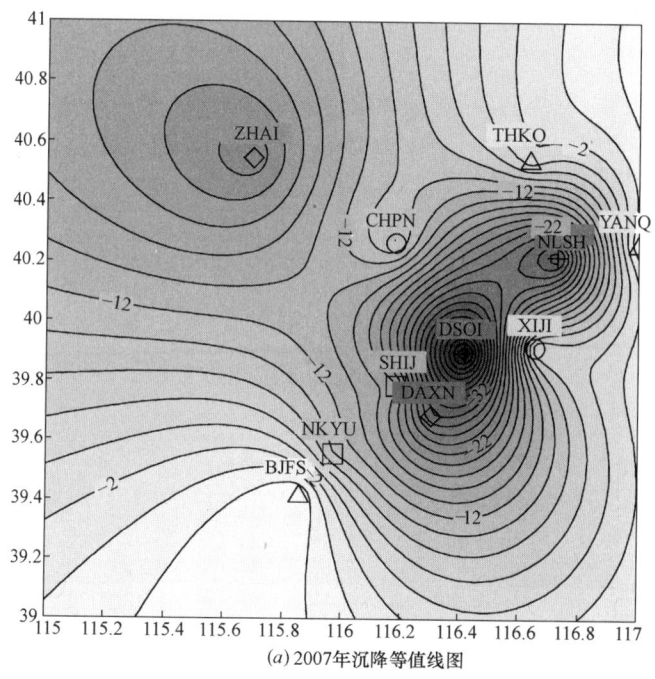

(a) 2007年沉降等值线图

图 6-11 2007～2012 年北京地面沉降等值线图

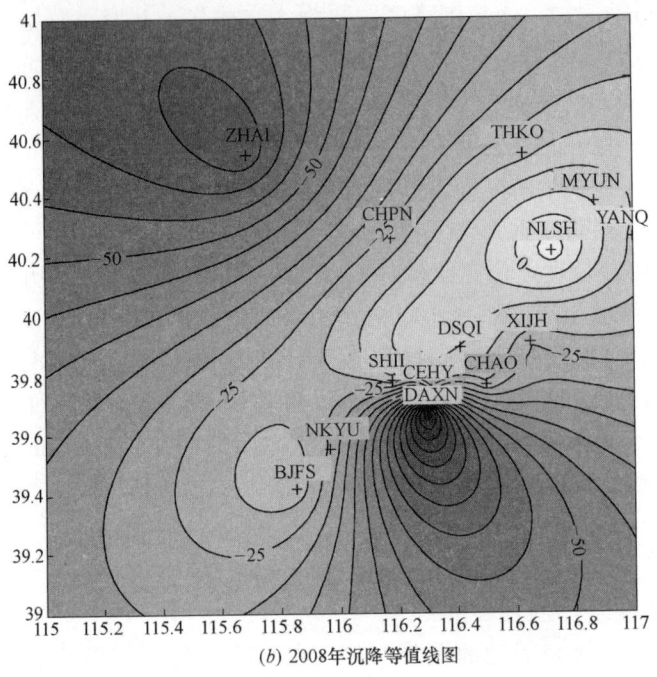

(b) 2008年沉降等值线图

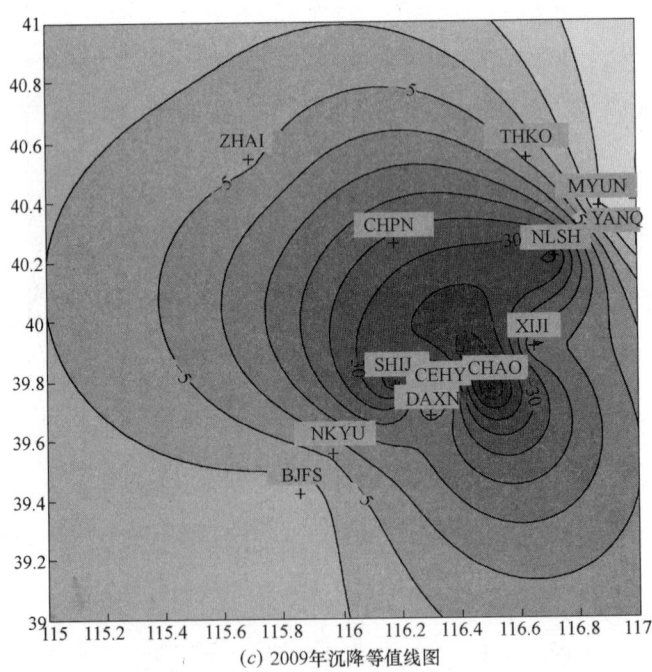

(c) 2009年沉降等值线图

图 6-11　2007～2012 年北京地面沉降等值线图（续）

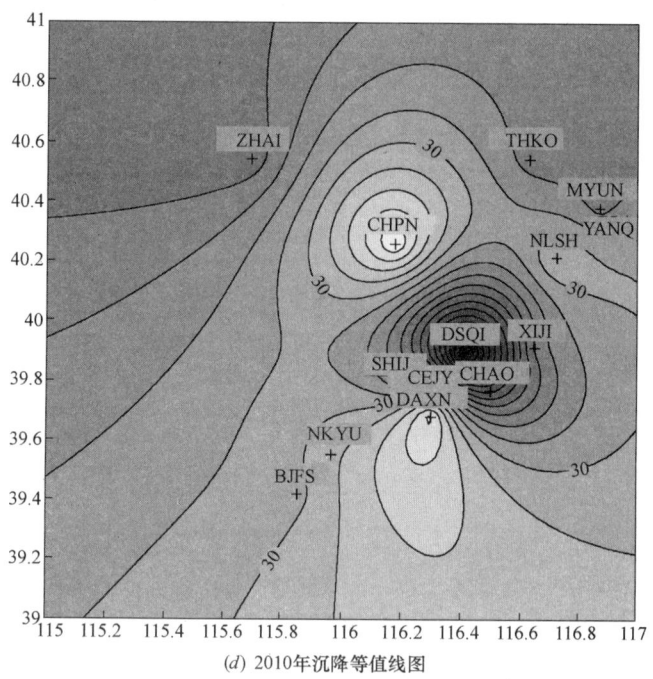

(d) 2010年沉降等值线图

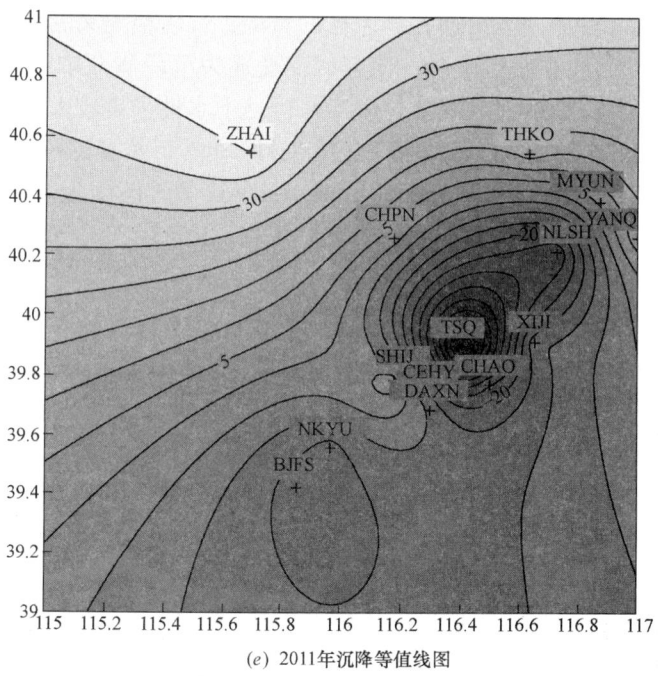

(e) 2011年沉降等值线图

图 6-11 2007～2012 年北京地面沉降等值线图（续）

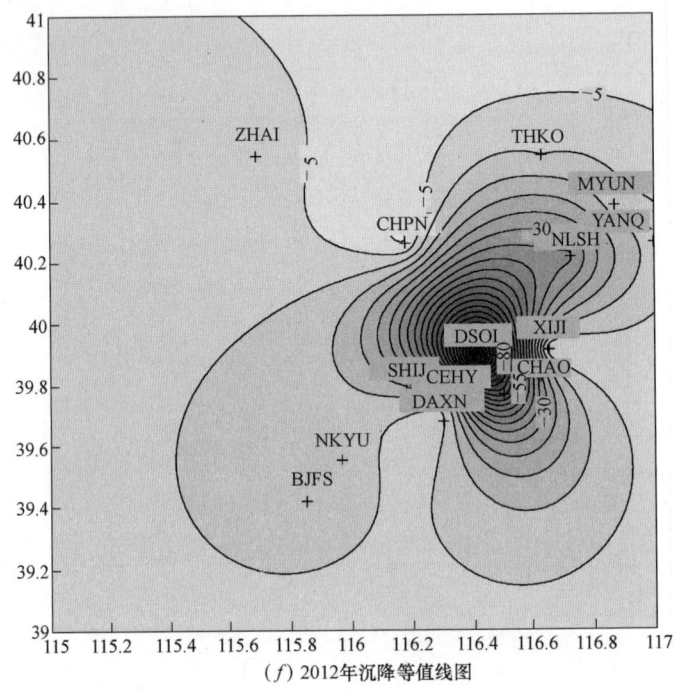

（f）2012 年沉降等值线图

图 6-11　2007～2012 年北京地面沉降等值线图（续）

　　由图 6-11 可知，在 2007～2012 年期间，北京地面沉降从最初的整体南北分区状态，经沉降中心快速发展，到 2011 年和 2012 年，北京市的地面沉降中心区域演变为中部及东部。目前北京沉降漏斗中心主要分布在朝阳区的黄港、长店至顺义的米各庄一带。DSQI、CHAO 两站点位于朝阳和顺义行政区，该区域演变成为沉降漏斗中心。北京市东部地区地层以交互沉积的黏性土、砂类土为主，多年来因地下水抽采量较大，该地区的沉降速率和沉降区范围还在不断扩大。DSQI、NLSH 和 CHAO 三个站点的沉降变化最大。其中，最大的累积沉降发生在 DSQI 站，达到 510mm。CHAO 累计沉降为 250mm。NLSH 累积沉降达到 120mm。DSQI、CHAO、NLSH 三站点在 2007～2012 年期间的沉降速率分别为 85mm/a，41.7mm/a 和 20mm/a。

6.4.3　基于经验模态分解方法的沉降变化趋势分析

　　针对 2007～2012 年北京地面沉降等值线图中沉降较为严重的 DSQI、CHAO、NLSH 三个站点进行更深入的分析，绘制其 2007～2012 年 U（垂向，vertical）方向的变化序列，如图 6-12 所示。

　　由图 6-12 可看出，DSQI、CHAO、NLSH 站点 U 方向的变化异常显著，呈现趋势明显的下降特征。与此同时，时间序列显示了一定程度的波动，隐含了时间序列大体存在以年为单位（或更小时间单位）的周期性变化和趋势性变化。地表质量负荷的季节性变化能够引起 GNSS 测站垂向分量较大的周年运动[49]。为了确定究竟存在什么样的趋势性变化，需要对整个时间序列进行周期项分解和趋势项提取。

(*a*) DSQI

(*b*) CHAO

(*c*) NLSH

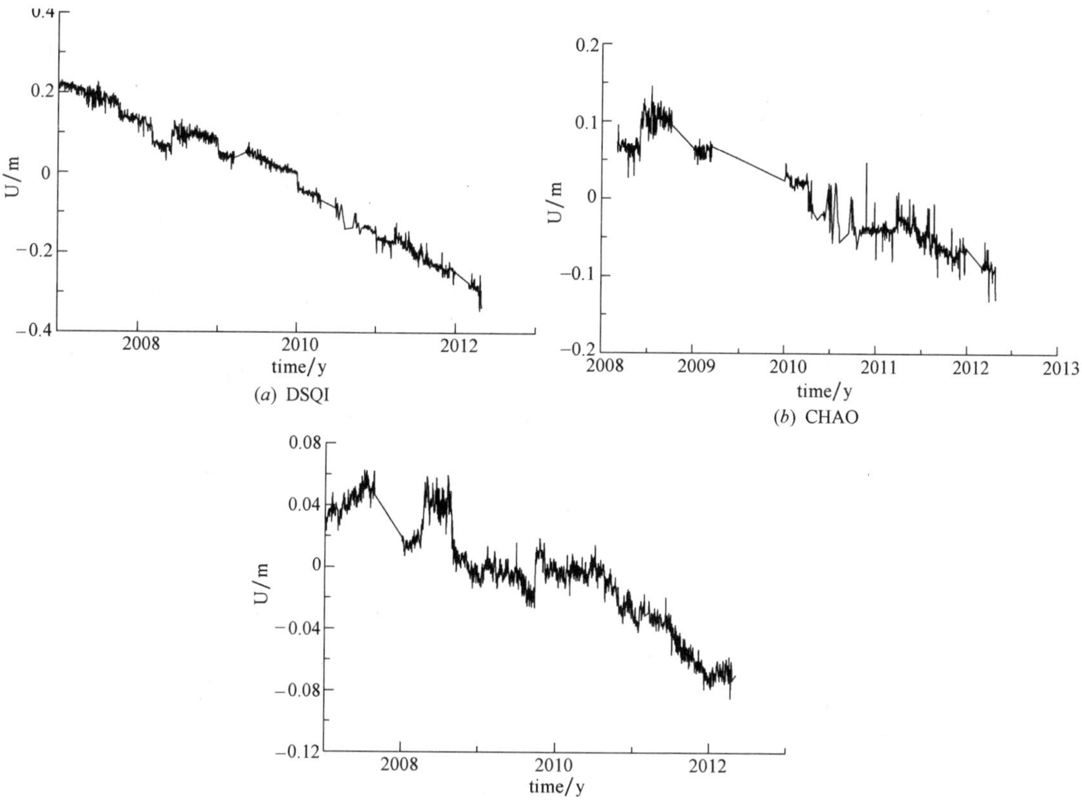

图 6-12 GNSS 站点 2007～2012 年 U 方向的变化序列

为进一步分析以上站点的沉降变化趋势，我们选取经验模态分解（EMD）方法对 GNSS 站点 U 方向序列进行分解。因 CHAO 站数据缺失较多，我们仅对 DSQI、NLSH 两个站点的 U 向时间序列进行 EMD 分解。分解后得到多个 IMF 分量（周期项）和残余项（趋势项），其中红线标识部分直观显现了 2007～2012 年 U（垂线）方向的变化趋势（图 6-13）。

(*a*) DSQI

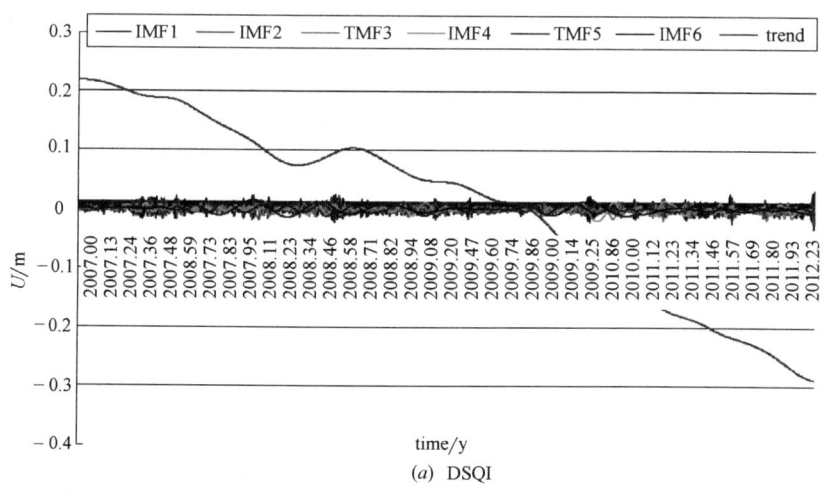

图 6-13 U 方向序列分解后的 IMF 分量与趋势项

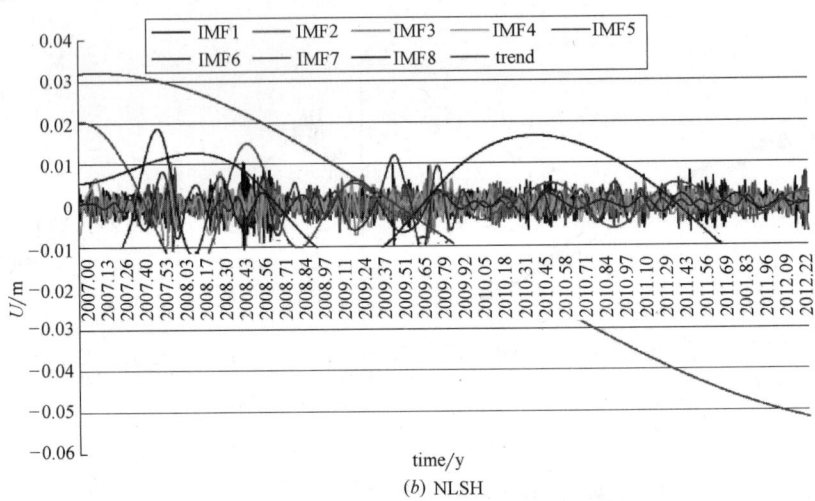

(b) NLSH

图 6-13 U 方向序列分解后的 IMF 分量与趋势项（续）

由上图可以看出，DSQI、NLSH 站点的趋势项变化与图 6-12 的 U 方向序列基本一致，均呈现下沉趋势，其中 DSQI 站点的趋势更为明显，该站点的趋势项值远大于各 IMF 分量，趋势项变化超过 500mm；NLSH 趋势项变化也超过了 80mm。

6.5 本章小结

本章以北京市为研究对象，利用 GNSS 技术进行城市地面沉降监测研究。获得了 2006～2012 年北京市地面沉降变化结果，并利用经验模态分解方法对测站累计沉降量进行处理获得站点地面沉降趋势。将 GNSS 反演的天顶对流层延迟用于 InSAR 大气校正，通过神经网络技术、构建融合地形和气象要素的 InSAR 大气延迟估算模型，并将该模型用于 InSAR 数据处理。

2006～2012 年期间，北京市地面沉降的时空演化特点如下：

大部分 GNSS 网站高程方向均发生下沉。累计沉降量最大的是 DSQI 站，达到 500mm，NLSH 站累计沉降达到了 120mm。

2006～2012 年期间，DSQI（东三旗）沉降速率有加大的趋势；在 CHAO（朝阳）、DAXN（大兴）、MYUN（密云）、NLSH（牛栏山）、XIJI（西集）存在较大的沉降，约 10～20mm/a；YANQ（延庆）、NKYU（牛口峪）、THKO（汤河口）沉降速率较小；BJFS（房山）、CHPN（昌平）、SHIJ（石景山）、ZHAI（斋堂）沉降不明显。

在地下水资源得不到及时补充、外来水源有限、城市规模继续扩大等前提下，北京平原区地面沉降仍将快速发展，地下水超量开采与地面沉降控制之间的矛盾将继续存在，说明在城市地面沉降灾害预警方面，在加强 GNSS 监测的同时，要重点关注地下水监测结果，综合监测评估，为预警定级和响应提供技术支撑。

在综合地形和气象要素的基础上构建的大气延迟估算模型，通过与 GNSS 天顶对流层延迟相比较，大气延迟估算模型精度大部分在毫米级，基本可以满足 InSAR 大气校正的要求。将该模型用于 INSAR 数据处理，研究发现：经大气改正的 InSAR 形变与 GNSS 形变更接近，说明 GNSS 大气延迟可部分改善 InSAR 数据处理精度。

第7章 总结与展望

7.1 总结

在今后的 20 年，我国将有 60% 的人口向城市集中，城市人口、经济、基础设施等密度不断增加，城市对于灾害作用具有放大性，城市承灾体的脆弱性趋于增大。在一个可持续的灾害风险管理中，城市灾害监测研究是其中重要环节之一。

全球空气动力学当量直径小于等于 2.5 微米的污染物颗粒浓度数据表明，我国环渤海、长三角、珠三角、成渝地区是全球大气细颗粒物浓度最高的地区，这些地区的城市多次出现持续大范围霾污染，引发城市公众对空气质量尤其是 PM2.5 的关注。2013 年 1 月 13 日 13 时，北京市 35 个空气质量监测站中，有 16 个站点的空气质量指数达到了标准上限 500，引起"爆表"，有的瞬间值超过 1000，监测设备在实际应用中出现了不适应性现象；使用遥感中分辨率成像光谱仪监测并反演所得的气溶胶光学厚度误差较大，在这种情况下，对新方法的研究需求较为迫切。

近年来，全球极端天气气候事件增加，在这一大的背景下，我国很多城市暴雨频繁发生，由此引发的内涝，造成严重的经济损失和社会影响。强降雨的时间、空间、雨量、雨强、雨型等信息越准确，越有利于各部门开展应急处置和采取防治内涝措施。暴雨预警成效的提高，受现有数值预报初始场模式不足的制约。水汽是影响降水过程发生、引发暴雨灾害的关键要素之一，基于地基 GNSS 技术精确反演出高时间分辨率的水汽序列，并深化在短期天气预报和短期气候变化方面的研究分析，具有重要应用价值。

地面沉降具有形成时间长、影响范围广、防治难度大、不易恢复等特点，会引发地基下沉、房屋开裂、地下管线破损、井管抬升、洪涝及风暴潮灾害加剧等现象，正日益成为一些地区社会经济可持续发展的重要制约因素。D-InSAR 技术可用于探测大范围区域毫米级的微小地表形变。不同 SAR 数据时间的大气延迟的差异，削弱了 InSAR 监测精度，严重制约 InSAR 技术在城市地面沉降领域的应用。GNSS 反演高时间分辨率的大气延迟序列，但其空间分辨率较低，应用到 InSAR 大气校正，需要进行插值，以便获取与 SAR 影像数据同分辨率的大气延迟结果。寻求一种新的大气延迟插值模型是目前 InSAR 大气校正研究的热点和难点问题。

连续多年的 GNSS 观测可用于城市地面沉降监测，GNSS 观测还可用于 InSAR 大气校正，改善 InSAR 处理精度。本书利用 GNSS 技术开展城市 PM2.5 浓度相关性比较、城市暴雨和城市地面沉降监测研究。主要工作和结论如下：

（1）不论空气质量优良或重度污染，水汽变化与 PM2.5/PM10 变化均呈显著正相关，在风速较小情况下，水汽与 PM2.5/PM10 浓度变化的相关性更为显著。夏季 GNSS PWV 变化与 PM2.5/PM10 变化没有明显的相关性规律；在秋冬春季节，GNSS PWV 变化与

PM2.5/PM10 变化存在显著正相关特性，相关系数大于 0.5。秋冬春季节无线电探空整层（分层）水汽与 PM2.5/PM10 变化的比较中，整层水汽变化与 PM2.5/PM10 变化的相关系数大于 0.5，第 3，4 层水汽变化与 PM2.5/PM10 变化的相关性最佳。

（2）由于剔除了高频噪声、细微扰动和小尺度系统影响，第四层低频系数重构的 PWV 序列更好地反映了 PM2.5 序列的变化，PWV 序列的上升下降对应了 PM2.5 序列的上升下降，重构后的 PWV 序列与 PM2.5 序列的相关性达到了 0.749，较原始 PWV 序列与 PM2.5 序列的相关性有所提高。高频系数重构的 PM2.5 序列与 PWV 序列的相关性达到 0.839，更能反映两者的正相关特性。

（3）GNSS 水汽序列在降水过程发生之前都有一个快速上升的变化过程，GNSS 水汽的上升时间与增幅大小对应于水汽累积；GNSS 水汽上升到顶峰后，开始下降，此时一般对应有降水过程的发生，降水量的多少与降水时间长短，与水汽积累有关。暴雨的发生需要大量水汽支持，GNSS 水汽在降水过程之前的快速上升和峰值区长时间徘徊，反映大量水汽的辐合过程。

（4）利用北京市 GNSS 水汽资料研究北京的夏季水汽输送特征，由此判别北京的夏季水汽通道与 GNSS 水汽空间变化是否一致。通过 GNSS 可降水量峰值时间的差异，判断北京夏季水汽通道为从西南到东北的方向，这与北京夏季降水实际情况相符。根据这一结论，利用 GPS 连续观测网可降水量序列的变化，结合水汽通道信息，可以进行强降水过程的暴雨预警。

（5）经验模态分解与神经网络预测的 GNSS 可降水量与实测 GNSS 可降水量比较接近。EMD RBF 预测的 GNSS PWV 与实测 GNSS PWV 基本一致，预测时效可达 2～3 小时。该研究结果对于 GNSS PWV 在短期天气预报中的应用具有较好的应用价值。

（6）针对 2000～2004 年的中国地壳运动监测网络的 GNSS 数据处理结果与相应的气象数据，采用可降水量进行不同气候类型的可降水量比较，可降水量的大小与温度、高程、纬度有关，与温度变化趋势一致，与高程、纬度呈相反的关系；在不同气候类型的可降水量的比较中，青藏高原高寒地区的可降水量最低，温带大陆性气候的可降水量次之，温带季风气候的可降水量居中，热带季风气候的可降水量最高，亚热带季风气候的可降水量为次高。

（7）以北京市为研究对象，利用 GNSS 技术进行城市地面沉降监测研究。获得了 2006～2012 年北京市地面沉降变化结果，并利用经验模态分解方法对测站累计沉降量进行处理获得站点地面沉降趋势。将 GNSS 反演的天顶对流层延迟用于 InSAR 大气校正，通过神经网络技术、构建融合地形和气象要素的 InSAR 大气延迟估算模型，并将该模型用于 InSAR 数据处理。

7.2　研究展望

本文提出的大气延迟估算模型，由于 SAR 影像数量不足，对于 InSAR 结果的改善仅有城区验证。下一步将利用更多的数据，研究更大范围内该模型的适用性。

水汽的变化影响了 PM2.5 浓度的变化，两者呈显著正相关特性。如何利用 GNSS 水汽资料联合气象要素、气态污染物进行 PM2.5 浓度模型的构建，从而提供一种新的 PM2.5 浓度监测方法，这也是下一步需要研究的内容。

参 考 文 献

[1] 党亚民，秘金钟，成英燕. 全球导航卫星系统原理与应用 [M]. 北京：测绘出版社，2007.

[2] Anne Boynard, Cathy Clerbaux, Lieven Clarisse, et al. First simultaneous space measurements of atmospheric pollutants in the boundary layer from IASI：A case study in the North China Plain [J]. Geophysical Research Letters, 2014, 41 (2)：645-651.

[3] 孟晓艳，王瑞斌，张欣等. 2006-2010 年环保重点城市主要污染物浓度变化特征 [J]. 环境科学研究，2012，25 (6)：622-627.

[4] 戴永立，陶俊，林泽健等. 2006～2009 年我国超大城市霾天气特征及影响因子分析 [J]. 环境科学，2013，34 (8)：2925-2932.

[5] X. J. Zhao, P. S. Zhao, J. Xu, et al. Analysis of a winter regional haze event and its formation mechanism in the North China Plain [J]. Atmospheric Chemistry and Physics，2013，13：5685-5696.

[6] Kumar N, Chu A, Foster A. An empirical relationship between PM2.5 and aerosol optical depth in Delhi Metropolitan [J]. Atmospheric Environment，2007，41 (21)：4492-4503.

[7] Gupta P, Christopher S A. Seven year particulate matter air quality assessment from surface and satellite measurements [J]. Atmospheric Chemistry and Physics，2008，8 (12)：3311-3324.

[8] 陶金花，张美根，陈良富等. 一种基于卫星遥感 AOT 估算近地面颗粒物浓度的新方法 [J]. 中国科学 (D 辑)，2013，43 (1)：143-154.

[9] 徐祥德，周秀骥，施晓晖. 城市群落大气污染源影响的空间结构及尺度特征 [J]. 中国科学 (D 辑)，2005，35 (增刊)：1-19.

[10] 廖晓农，张小玲，王迎春等. 北京地区冬夏季持续性雾-霾发生的环境气象条件对比分析 [J]. 环境科学，2014，35 (6)：2031-2044.

[11] 王喜全，孙明生，杨婷等. 京津冀平原地区灰霾天气的年代变化 [J]. 气候与环境研究，2013，18 (2)：165-170.

[12] Levy R C, Remer LA, Mattoo S, et al. Second-generation operational algorithm：Retrieval of aerosol properties over land from inversion of Moderate Resolution Imaging Spectroradiometer spectral reflectance. Journal of Geophysical Research，2007a，112，D13211：1-21.

[13] 邓长菊，尹晓惠，甘璐. 北京雾与霾天气大气液态水含量与相对湿度层结构特征分析 [J]. 气候与环境研究，2014，19 (2)：193-199.

[14] 王勇，刘严萍，李江波等. 水汽和风速对 PM2.5/PM10 变化的影响 [J]. 灾害学，2015，30 (1)：5-7.

[15] 刘严萍，王勇，李江波. 北京 APEC 会议期间 GPS 水汽与 PM2.5/PM10 的相关性比较 [J]. 灾害学，2015，30 (3)：26-28.

[16] ROCKEN C, Hove T, Iohnson J, et al. GPS/STROM-GPS sensing of atmospheric water vapor for meteorology [J]. Journal of Applied Meteorology，1995，12：468-478.

[17] EMARDSON T R, JOHANSSON J, ELGERED G. The systematic behavior of water vapor estimates using four years of GPS observations [J]. IEEE Transction Geoscience Remote Sensing，2000，38：324-329.

[18] 李成才，毛节泰，李建国等. 全球定位系统遥感水汽总量 [J]. 科学通报，1999，44 (3)：333-336.

[19] 何平，徐宝祥，周秀骥等. 地基 GPS 反演大气水汽总量的初步试验 [J]. 应用气象学报，2002，(2)：179-183.

[20] 王勇，柳林涛，许厚泽等．利用 GPS 技术反演中国大陆水汽变化 [J]．武汉大学学报·信息科学版，2007，32 (2)：152-155.

[21] 王勇，柳林涛，刘根友．基于水汽辐射计与 GPS 湿延迟的对比研究 [J]．大地测量与地球动力学，2005，25 (4)：110-113.

[22] 毛节泰．GPS 的气象应用 [J]．气象科技，1993，(4)：45-49.

[23] 李成才，毛节泰．GPS 地基遥感大气水汽总量分析 [J]．应用气象学报，1998，9 (4)：470-477.

[24] 王小亚，朱文耀，严豪健．地基 GPS 观测大气可降水汽量的方法和前景 [J]．天文学进展，1998，(2)：135-142.

[25] 李建国，毛节泰，李成才等．使用全球定位系统遥感水汽分布原理和中国东部地区加权"平均温度"的回归分析 [J]．气象学报，1999，57 (3)：283-292.

[26] 王勇，柳林涛，郝晓光等．武汉地区 GPS 气象网应用研究 [J]．测绘学报，2007，36 (2)：141-145.

[27] 李国平．地基 GPS 遥感大气可降水量及其在气象中的应用研究 [D]．成都：西南交通大学，2007.

[28] 曹云昌，方宗义，夏青．地空基 GPS 探测应用研究进展 [J]．南京气象学院学报，2004，(4)：565-572.

[29] 丁海燕，李青春，郑祚芳等．利用北京 GPS 监测网分析夏季暴雨的水汽特征 [J]．应用气象学报，2012，23 (1)：47-58.

[30] 丁金才，叶其欣．长江三角洲地区近实时 GPS 气象网 [J]．气象，2003，29 (6)：26-29.

[31] 袁招洪，丁金才，陈敏．GPS 观测资料应用于中尺度数值预报模式的初步研究 [J]．气象学报，2004，(2)：200-212.

[32] 宋淑丽，朱文耀，丁金才等．上海 GPS 网层析水汽三维分布改善数值预报湿度场 [J]．科学通报，2005，50 (20)：2271-2277.

[33] 张朝林，陈敏，Kuo Yinghwa 等．"00.7"北京特大暴雨模拟中气象资料同化作用的评估 [J]．气象学报，2005，63 (6)：922-932.

[34] 陈敏，范水勇，仲跻芹．全球定位系统的可降水量资料在北京地区快速更新循环系统中的同化试验 [J]．气象学报，2010，68 (4)：450-463.

[35] Flores A, Ruffini G, Rius A. 4D tropospheric tomography using GPS slant wet delays [J]. Annales Geophysicae, 2000, 18 (2)：223-234.

[36] BENDER M, STOSIUS R, ZUS F, et al. GNSS water vapor tomography—expected improvements by combing GPS, GLONASS and Galileo observations [J]. Advances in Space Research, 2011, 47：886-897.

[37] ROHM W. The precision of humidity in GNSS tomography [J]. Atmospheric Research, 2012, 107：69-75.

[38] 宋淑丽，朱文耀，程宗颐等．GPS 信号斜路径方向水汽含量的计算方法 [J]．天文学报，2004，(3)：338-347.

[39] 毕研盟，毛节泰，毛辉．海南 GPS 网探测对流层水汽廓线的试验研究 [J]．应用气象学报，2008，19 (4)：412-419.

[40] 张双成，刘经南，叶世榕等．顾及双差残差反演 GPS 信号方向的斜路径水汽含量 [J]．武汉大学学报信息科学版，2009，34 (1)：100-104.

[41] 曹玉静．地基 GPS 层析大气三维水汽及其在气象中的应用 [D]．北京：中国科学院研究生院，2012.

[42] 万蓉，郑国光，于胜杰等．基于观测约束的地基 GPS 三维水汽层析技术研究 [J]．气象学报，2013，71 (2)：318-331.

[43] 于胜杰，柳林涛，梁星辉. 约束条件对 GPS 水汽层析解算的影响分析 [J]. 测绘学报，2010，39 （5）：491-496.

[44] GRADINARSKY L P，JOHANSSON J M，BOUMA H R，et al. Climate monitoring using GPS [J] . Physics and Chemistry of the Earth，2002，27：335-340.

[45] 侯建国，杨成生，张勤等. GPS 可降水汽与 MODIS 可降水汽回归性分析 [J]. 地理与地理信息科学，2010，26 （2）：42-46.

[46] 宋小刚，李德仁，廖明生等. 基于 GPS 观测量的 InSAR 干涉图中对流层改正方法及其论证 [J]. 武汉大学学报. 信息科学版，2008，33 （3）：233-236.

[47] 刘严萍，王勇，张立辉. 基于多要素大气延迟改正的 InSAR 地面沉降监测研究 [J]. 灾害学，2013，28 （3）：38-41.

[48] 王勇，闻德保，胡乐银等. 基于雾霾天气的 GPS 对流层延迟与可降水量变化研究 [J]. 大地测量与地球动力学，2014，34 （2）：120-124.

[49] Dong D，Fang P，Bock Y，et al. Anatomy of apparent seasonal variations from GPS derived site position time series [J]. 2002，107 （B4）：ETG9-1－ETG9-16.

[50] 王琪，张培震，牛之俊等. 中国大陆现今地壳变动与构造变形 [J]. 中国科学，2001，31 （7）：529-536.

[51] 王琪，牛之俊，石俊成. 中国地壳运动观测网络基本网观测精度研究速度场 [J]. 大地测量与地球动力学，2003，23 （3）：9-13.

[52] 高伟，徐绍铨，刘爱田等. GPS 测量在城市地面沉降检测中的应用研究 [J]. 山东农业大学学报（自然科学版），2004，35 （3）：395-400.

[53] 张勤，丁晓光，黄观文等. GPS 技术在西安市地面沉降与地裂缝监测中的应用 [J]. 全球定位系统，2008，（6）：41-46.

[54] 秦洪奎，王平德. GPS 用于天津市地面沉降监测的研究 [J]. 测绘信息与工程，2012，37 （2）：020-021，037.

[55] 田云锋. 利用连续 GPS 进行地面沉降监测 [J]. 测绘与空间地理信息，2009，32 （4）：37-41.

[56] 熊福文，朱文耀，李家权. GPS 技术在上海市地面沉降研究中的应用 [J]. 地球物理学进展，2006，21 （4）：1352-1358.

[57] 魏二虎，黄劲松. GPS 测量操作与数据处理 [M]. 武汉：武汉大学出版社，2007.

[58] 周忠谟. GPS 测量原理与应用（修订版）[M]. 北京：测绘出版社，1997.

[59] DUAN J，BEVIS M，Fang P，et al. GPS meteorology：direct estimation of the absolute value of precipitable water [J]. Journal of Applied Meteorology，1996，35：830-838.

[60] 李征航，徐晓华，罗佳等. 利用 GPS 观测反演三峡地区对流层湿延迟的分布及变化 [J]. 武汉大学学报. 信息科学版，2003，（4）：393-396.

[61] Rocken C，Hove T，Iohnson J，et al. GPS/STROM-GPS sensing of atmospheric water vapor for meteorology [J]. Journal of Applied Meteorology，1995，12：468-478.

[62] 王勇，刘严萍. 地基 GPS 气象学原理与应用研究 [M]. 北京：测绘出版社，2012.

[63] 马小会，甘露，张爱英等. 北京 2013 年 1 月持续雾霾天气成因分析 [J]. 环境保护前沿，2013，（3）：29-33.

[64] HUANG Norden E，SHEN Zheng，LONG Steven R，et al. The Empirical Mode Decomposition and the Hilbert Spectrum for Nonlinear and Non-stationary Time Series Analysis [J]. Proceedings of the Royal Society A：Mathematical，Physical and Engineering Sciences，1998，454：899-955.

[65] 董长虹. Matlab 神经网络与应用 [M]. 北京：国防工业出版社，2005.

[66] 朱金龙，邱晓辉. 正交多项式拟合在 EMD 算法端点问题中的应用 [J]. 计算机工程与应用，

2006，23（2）：72-74.

[67] 程建刚，解明恩 . 近 50 年云南区域气候变化特征分析 [J]. 地理科学进展，2008，27（5）：19-26.

[68] 尤焕苓，任国玉，刘伟东 . 1961-2010 年北京地区降水变化特征 [J]. 沙漠与绿州气象，2012，6（4）：13-20.

[69] 刘盛梅 . 1951-2009 年乌鲁木齐市气候变化特征分析 [J]. 现代农业科技，2010，（23）：291-294.

[70] 尹云鹤，吴绍洪，陈刚 . 1961-2006 年我国气候变化趋势与突变的区域差异 [J]. 自然资源学报，2009，24（12）：2147-2157.

[71] 杨艳，贾三满，王海刚 . 北京平原区地面沉降现状及发展趋势分析 [J]. 上海地质，2010，（4）：23-28.

[72] 刘明坤，贾三满，褚宏亮 . 北京市地面沉降监测系统及技术方法 [J]. 地质与资源，2012，（2）：244-249.

[73] 贾三满，田芳，刘明坤等 . 北京建设用地地面沉降危险性评估方法及标准 [J]. 城市地质，2012，7（4）：7-11.